21世纪工程及计算机图学系列教材

第二版

机械工程图学习题集

- 主　编　李亚萍　姜繁智　胡建国
- 副主编　刘传胜　刘丽萍　刘　永
- 主　审　丁宇明

武汉大学出版社

图书在版编目(CIP)数据

机械工程图学习题集/李亚萍,姜繁智,胡建国主编;刘传胜,刘丽萍,刘永副主编;丁宇明主审.—2版.—武汉:武汉大学出版社,2008.10(2019.10重印)
21世纪工程及计算机图学系列教材
ISBN 978-7-307-06589-5

Ⅰ.机… Ⅱ.①李… ②姜… ③胡… ④刘… ⑤刘… ⑥刘… ⑦丁… Ⅲ.机械制图—高等学校—习题 Ⅳ.TH126-44

中国版本图书馆CIP数据核字(2008)第158017号

责任编辑:谢文涛　　责任校对:王　建　　版式设计:支　笛

出版发行:武汉大学出版社　　(430072　武昌　珞珈山)
　　　　　(电子邮箱:cbs22@whu.edu.cn 网址:www.wdp.com.cn)
印刷:武汉图物印刷有限公司
开本:880×1230　1/16　印张:15.25　字数:139千字
版次:2007年4月第1版　　2008年10月第2版
　　　2019年10月第2版第12次印刷
ISBN 978-7-307-06589-5/TH·11　　　定价:34.00元

版权所有,不得翻印;凡购买我社的图书,如有缺页、倒页、脱页等质量问题,请与当地图书销售部门联系调换。

21世纪工程及计算机图学系列教材 编委会

主　编

丁宇明

副主编

胡建国　任德记　冯　霞　汪鸣琦

编　委

李亚萍　陈永喜　张　竞　彭正洪
夏　唯　詹　平　孙宇宁　刘丽萍
刘　永　靳　萍　许南宁　唐秋华
邓东芳　姜繁智　刘传胜

目 录

内容提要 ··· 1
总　　序 ··· 1
第二版说明 ··· 1
第一章　工程制图基本知识 ··· 1
第二章　点、直线、平面的投影 ·· 8
第三章　基本体 ··· 28
第四章　立体的截切与相贯 ··· 34
第五章　轴测图 ··· 45
第六章　组合体的投影 ··· 49
第七章　机件形体的表达方法 ··· 65
第八章　AutoCAD 绘图基础 ·· 77
第九章　标准件和常用件 ··· 85
第十章　零件图 ··· 94
第十一章　装配图 ··· 105
第十二章　焊接图 ··· 113

内容提要

本习题集是根据国家教委于1995年批准印发的高等学校工科本科《画法几何及机械制图课程教学基本要求》,总结多年教学改革经验编写的,全部采用最新的《机械制图》国家标准。

本习题集与武汉大学出版社出版的《机械工程图学》配套使用,共包括制图基础,点、直线、平面、立体的投影,组合体的视图,轴测图,计算机绘图,剖视图,零件图,装配图和焊接图等十二章内容的练习。可供高等学校本、专科类机械、动力、电力等专业类学生使用,也可供函授大学、职工大学、电视大学等有关专业选用。

总　　序

工程图学是研究工程技术领域中有关图的理论及其应用的学科。在表达、交流信息和形象思维的过程中,图的形象性、直观性和简洁性,是人们认识规律、探索未知的重要工具。在工程设计、制造、施工中工程图样有着广泛的应用,它是工程技术部门的一项必不可少的重要技术文件。工程图样可以用二维图形表达,也可以用三维图形表达;可以手工绘制,也可以由计算机生成。

由于计算机科学的发展,计算机图形学(CG)和计算机辅助设计(CAD)技术大量引入,工程图学发展至今已成为一门集现代几何理论、计算机技术和工程设计制图于一体的新兴交叉学科。它着重研究如何用数字化描述形体和图形,如何按国家标准来绘制工程图样,研究如何用计算机输出和管理图形、图样,以及如何通过网络加以有效传输。

当前,我国高等教育正经历着从精英教育向大众化教育的重大转型过程,社会对高校人才培养提出各种要求。为了顺应工程图学学科发展和高等教育向大众化转型的迫切需要,我们组织武汉大学、武汉科技大学、三峡大学等部分高校中有丰富教学经验的资深教师编写工程及计算机图学系列教材,并由武汉大学出版社出版、发行。

工程及计算机图学系列教材主要包括制图和计算机绘图两类,制图类教材中有机械工程图学(含配套习题集)、土木工程图学(含配套习题集)、建筑图学(含配套习题集)、工程图学(中英双语教材,含配套习题集)。计算机绘图类教材中有计算机绘图(以介绍 AutoCAD 二维绘图为主)、计算机三维造型及绘图、效果图计算机生成技术(以介绍 3Dmax、Photoshop 软件为主)、AutoCAD 二次开发指南等。

本套系列教材适用面较广,适用于机械类(如机械设计制造及其自动化、热能与动力、材料科学与工程、工业设计等)专业,电力电气类专业,土木工程类(如工民建、给排水、路桥、水利水电等)专业,建筑类(如建筑学、城市规划、园林等)专业,管理类(如工程管理、经济管理、物业管理、环境工程、工业工程等)专业。读者可根据需要来选用。希望本套系列教材能满足有关专业、各类型、各层次读者的要求,并能为工程图学课程的教学质量的提高,教材现代化作出贡献。

丁宇明

2004 年 7 月于武汉珞珈山

第二版说明

1. 本习题集是根据国家教委于1995年批准印发的高等学校工科本科《画法几何及机械制图课程教学基本要求》的精神,并结合多年来的教学实践编写的。

2. 在尺寸标注、机件形体的表达方法、零件图和装配图中全部采用了最新《机械制图》国家标准。

3. 解题前,请先看清题意,弄清已知条件和题目要求,再运用所学到的理论知识和方法,进行必要的空间分析,以便对解题步骤和作图方法做到心中有数。

4. 绘图过程中,一般要求用绘图铅笔作图,作图力求线条清晰、准确、规范。习题中尺寸数字的单位除标明外,一般均为"mm"。

5. 为便于教学,习题的编排顺序与《机械工程图学》教材体系基本一致;习题的分量略多于一般教学规定的分量,以便各专业根据具体情况加以选择。

6. 在注意结合工程实际的同时,本习题集的内容选择力求符合认识规律、由易到难、循序渐进,采用多种形式,使读者通过练习逐步提高制图和看图能力。

7. 参加本习题集编写的有:武汉大学胡建国(第二章、第九章(部分)、第十二章)、李亚萍(第三章、第四章、第五章部分、第六章)、刘丽萍(第十章)、彭正洪(第五章部分)、刘永(第一章、第九章(部分)),武汉科技大学汪鸣奇(第十一章)、姜繁智、邓东芳(第七章)、姜繁智、刘传胜(第八章)。李亚萍、姜繁智主编,刘传胜、刘丽萍、刘永副主编,李亚萍统稿。

8. 本习题集由武汉大学丁宇明教授审阅。审阅人认真、细致地审阅了全书,并提出了许多宝贵意见,在此表示衷心感谢。

9. 在本习题集编写过程中,得到武汉大学工程及计算机图学中心和武汉科技大学制图教研室全体教师的大力支持和帮助,在此表示诚挚的谢意。并恳请读者对本习题集中存在的缺点和错误提出宝贵意见。

第一章
工程制图基本知识

第一章
工程图基本知识

班级 _____ 姓名 _____ 学号 _____

1-1 字体练习。

| 机 | 械 | 制 | 图 | 尺 | 寸 | 比 | 例 | 专 | 业 | 审 | 核 | 序 | 号 | 名 | 称 | 材 | 料 | 件 | 数 | 备 | 注 | 系 |

| 设 | 计 | 投 | 影 | 俯 | 仰 | 视 | 局 | 部 | 视 | 旋 | 转 | 剖 | 断 | 面 | 技 | 术 | 要 | 求 | 螺 | 栓 | 钉 | 垫 | 圈 | 齿 | 轮 | 键 | 销 | 弹 | 簧 |

班级 _____ 姓名 _____ 学号 _____

1-2 字体练习。

ABCDEFGHIJKLMNOPQRSTUVWXYZ

abcdefghijklmnopqrstuvwxyz

12345678901234567890

1-3 在指定位置处，抄画各种图线和图形。

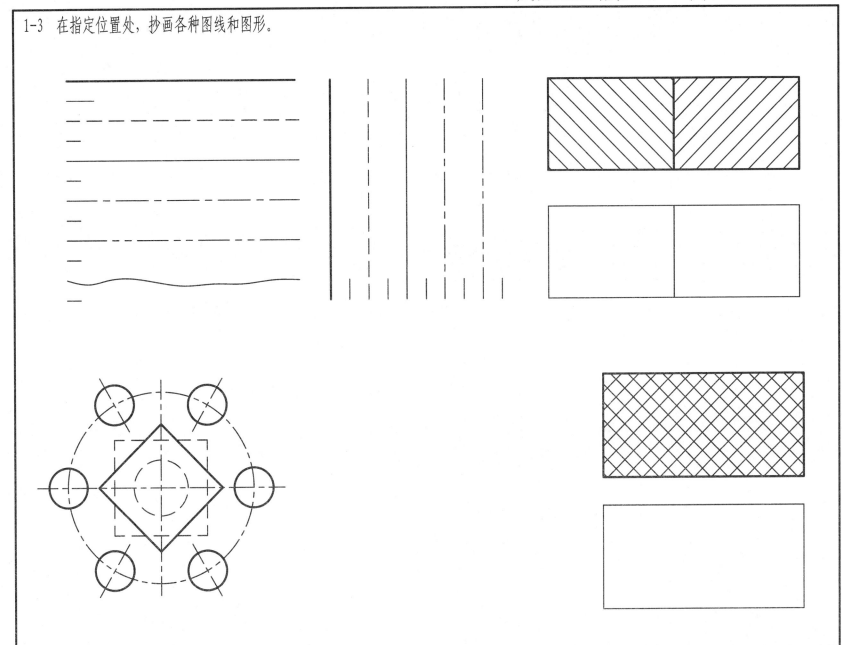

1-4 根据已知图形，用1:1比例在指定位置处画出图形，并标注尺寸。

1.

2.

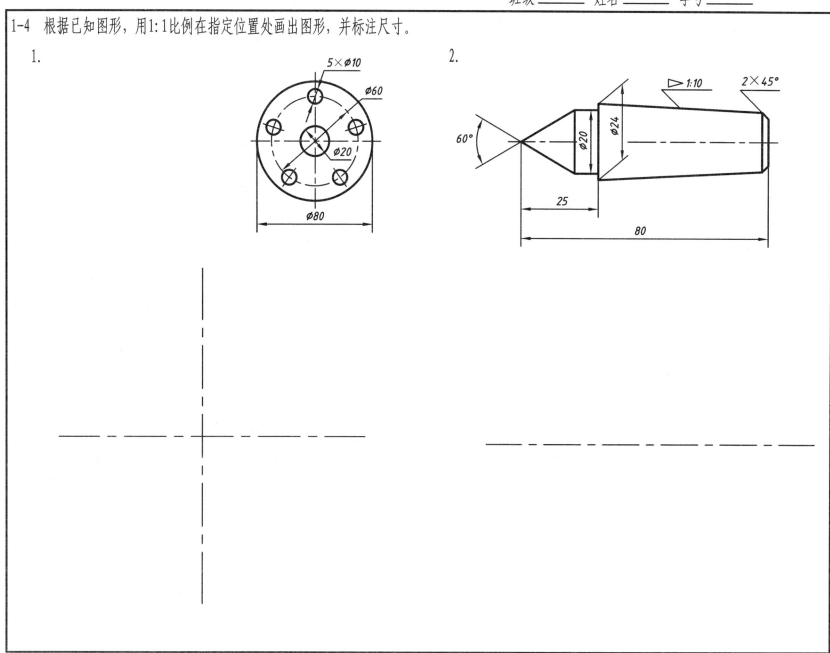

1-5 完成平面图形尺寸标注,数值按1:1在图中量取整数。

1.

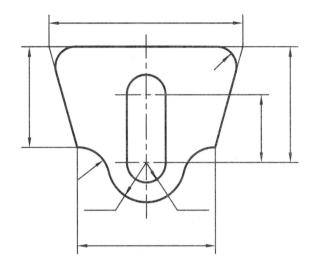

2.

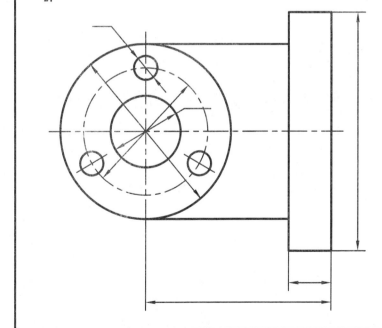

1-6 按作图结果示范中给定的尺寸,完成圆弧连接图,并标注尺寸。

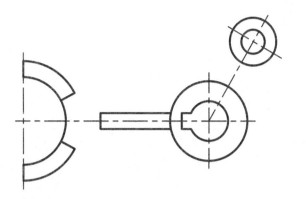

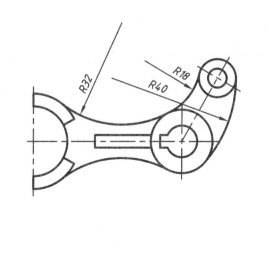

1-7 在A3图纸上用1:1比例抄画下列图形（线型不注尺寸，左边的圆和右边的起重钩要标注尺寸）。

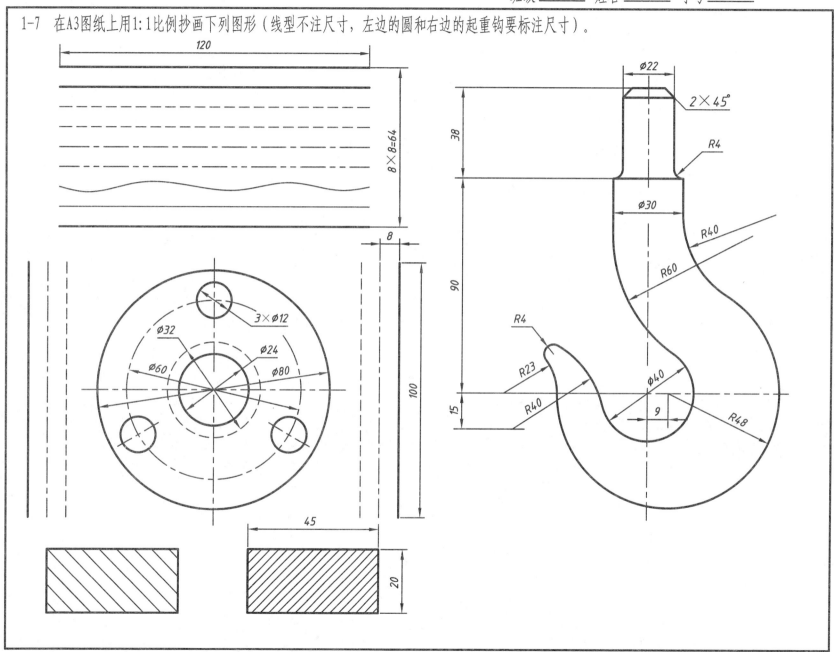

第二章
点、直线、平面的投影

2-1 根据直观图求作A、B、C、D各点的两面投影。

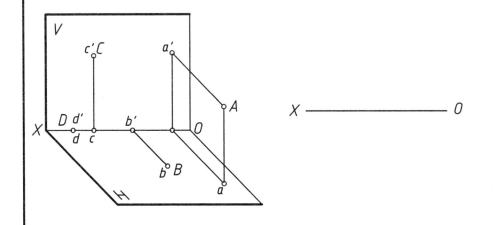

2-3 已知各点的两面投影，求作其第三面投影，并将量出各点坐标填入表内。

1.

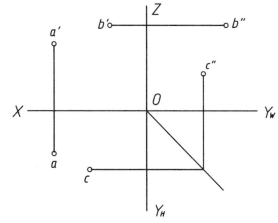

2-2 根据直观图求作点A的三面投影，并量出点A到各投影面的距离。

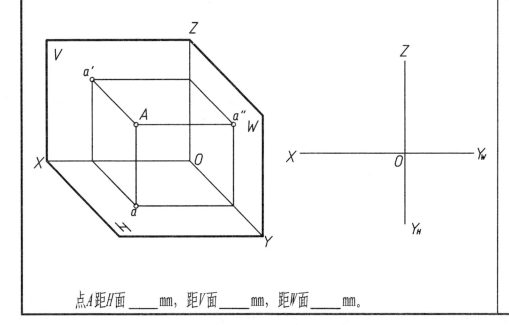

点A距H面____mm，距V面____mm，距W面____mm。

2.

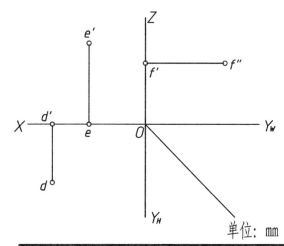

单位：mm

坐标＼点	A	B	C	D	E	F
x						
y						
z						

班级_____ 姓名_____ 学号_____

2-4 已知点A（20，15，10），B点在A点的正上方，比A点高10mm，C点在A点的正左方，离A点10mm，求作A、B、C三点的投影。

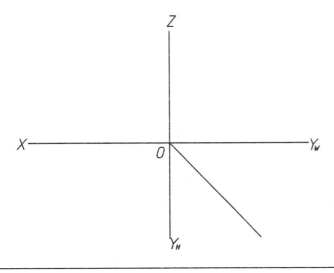

2-5 已知A点的W面投影，并知A点到W面距离为30mm，求作 a、a″。

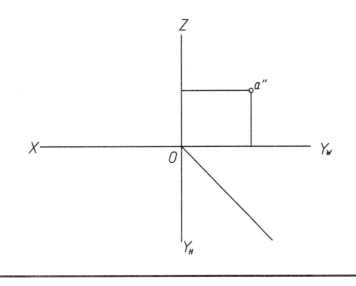

2-6 求作A、B、C、D各点的W面投影，并标明重影点的可见性。

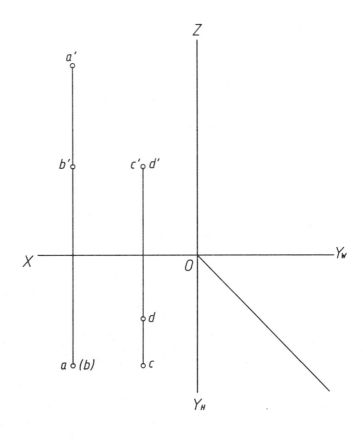

水平重影点：_____点在上(可见)，_____点在下(不可见)；
正面重影点：_____点在前(可见)，_____点在后(不可见)；
侧面重影点：_____点在左(可见)，_____点在右(不可见)。

2-7 已知线段AB两端点的坐标A（30，20，0）、B（10，5，30），求作AB的三面投影图和直观图。

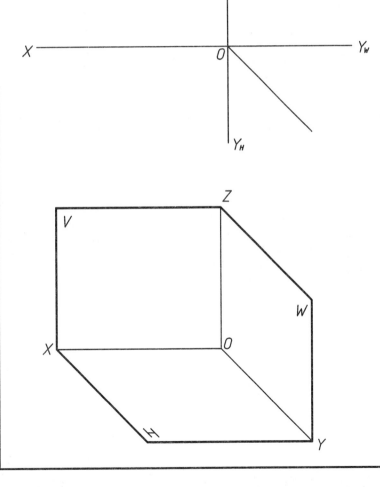

2-8 已知点A的三面投影，若点B在点A之左10，之前10，之下10，又点C在点B之右10，之后15，之上15，求作B、C两点的三面投影。

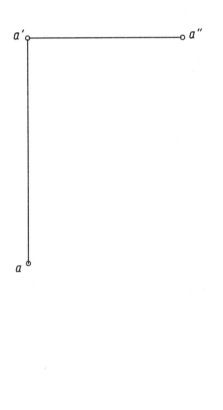

2-9 判别下列各线段对投影面的相对位置，并作出其第三投影。

1. _____线

2. _____线

3. _____线

4. _____线

5. _____线

6. _____线

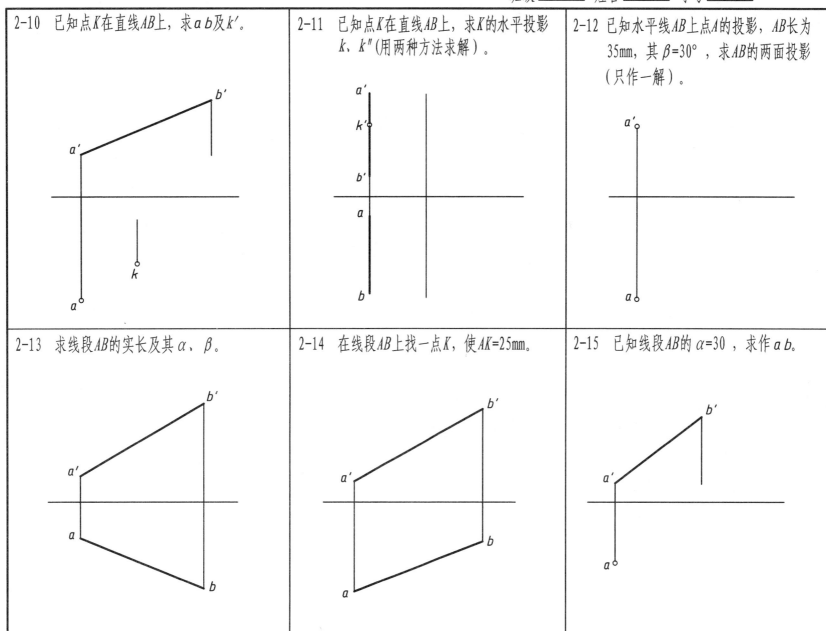

2-16 判别两直线的相对位置(平行、相交、交叉、垂直相交、垂直交叉)。

1.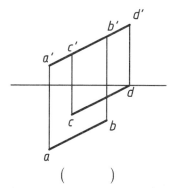
( )

2.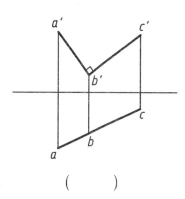
( )

3.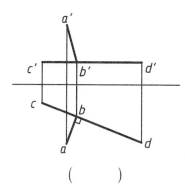
( )

4.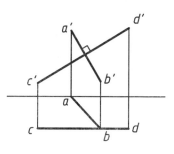
( )

5.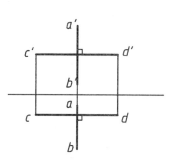
( )

6.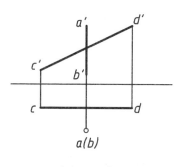
( )

7.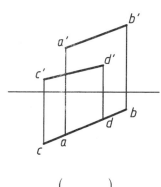
( )

8.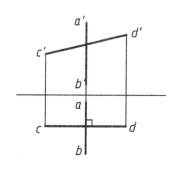
( )

9.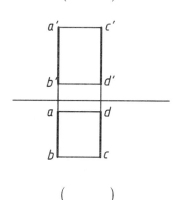
( )

班级 _____ 姓名 _____ 学号 _____

| 10. 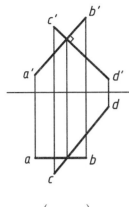 ( ) | 11. 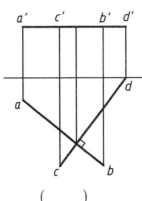 ( ) | 2-17 过点M分别作水平线和正平线，与直线AB相交。 | 2-18 过点M作正平线MN，与AB相交于点N。 |
| 12. 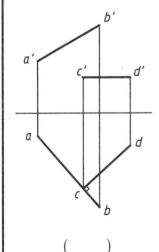 ( ) | 13. 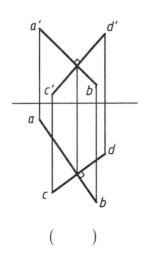 ( ) | 2-19 标出重影点，并判别可见性。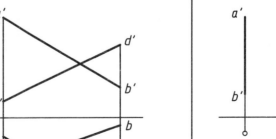 | 2-20 求交叉两直线的公垂线。 |

15

班级 _____ 姓名 _____ 学号 _____

2-21 已知MN∥AB，且与CD、EF相交于点M、N，求作一直线MN。

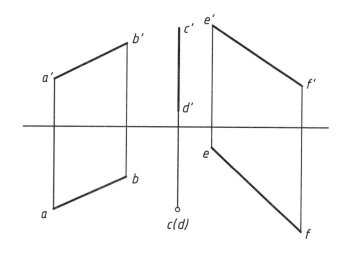

2-22 已知正平线CD与直线AB相交于点D，AD长为25mm，且CD的 α=60°，求CD的投影。

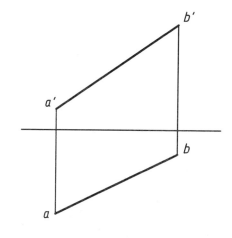

2-23 已知等腰直角三角形ABC的斜边为AC，顶点B在直线MC上，试完成△ABC的两投影。

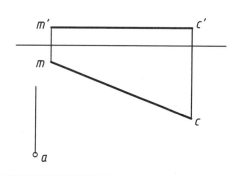

2-24 已知等边三角形ABC的顶点A，顶点B和C在直线EF上，求作△ABC的两投影。

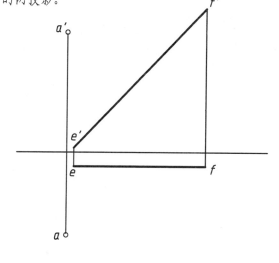

2-25 作出下列各平面图形的第三投影，并判别其对投影面的相对位置。

1.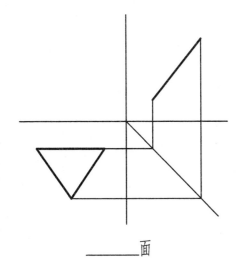
　　　　____面

2.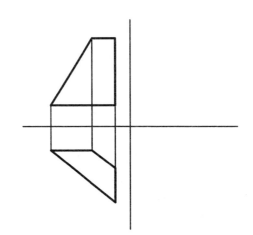
　　　　____面

3.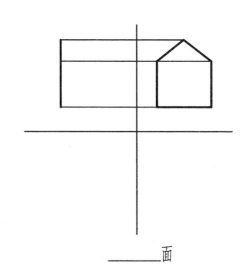
　　　　____面

4.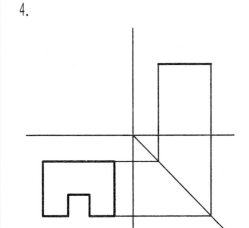
　　　　____面

5.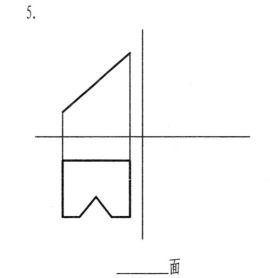
　　　　____面

6.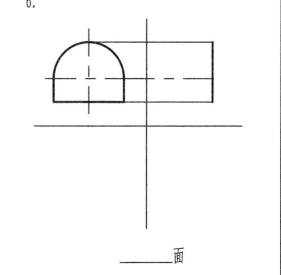
　　　　____面

2-26 判别点M、N是否在平面△ABC上。

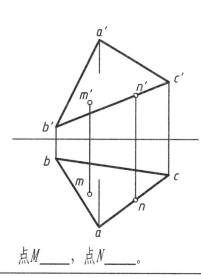

点M____，点N____。

2-27 已知点M、N在平面△ABC上，求作其另一个投影。

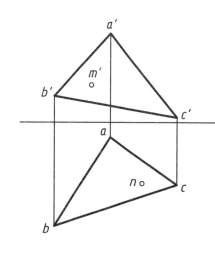

2-28 在平面△ABC上找一点K，且点K在点A之下15mm，在点A之前10mm。

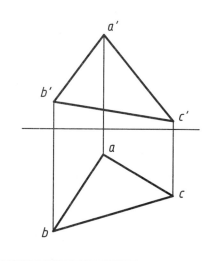

2-29 完成平面ABCDE的水平投影。

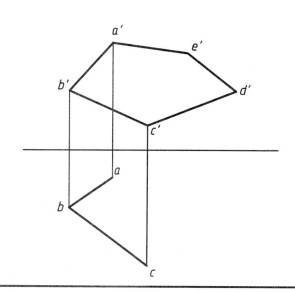

2-30 已知平面ABCD的BC边平行于V面，试完成ABCD的水平投影。

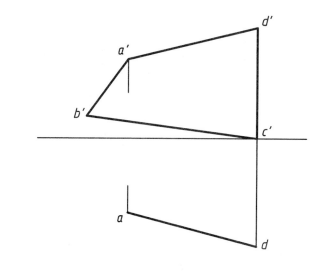

2-31 包含直线作特殊位置平面（用迹线表示）。

1. 作水平面

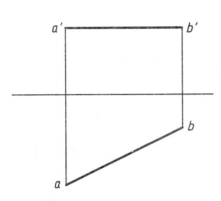

2. 作正平面

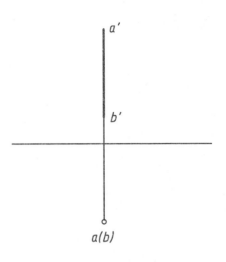

3. 作铅垂面

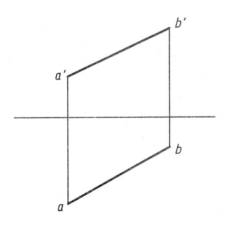

4. 作正垂面

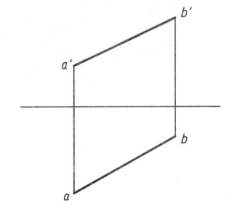

2-32 包含直线AB作平面(用三角形表示)，使之平行已知直线CD。

1. 2.

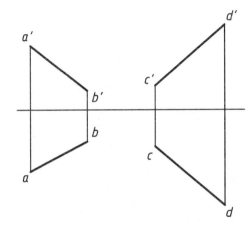
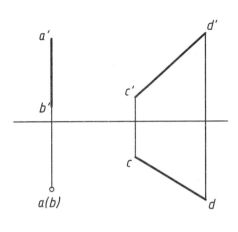

2-33 过已知点K作一直线，使之平行△ABC平面和V面。

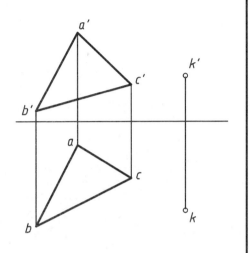

2-34 过已知点K作一平面，使之平行已知平面。

1. 2. 3.

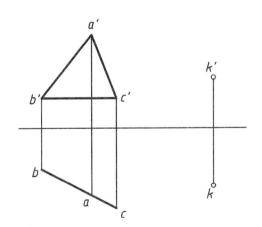
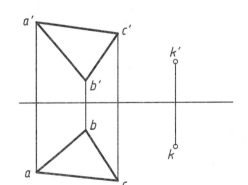
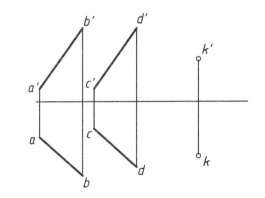

2-35 求直线与平面的交点，并判别可见性。

1.

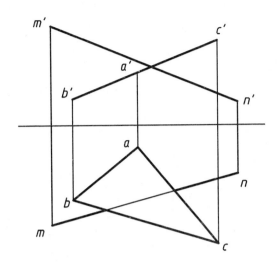

2.

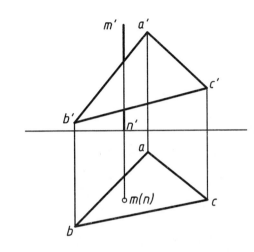

2-36 求两平面的交线，并判别可见性。

1.

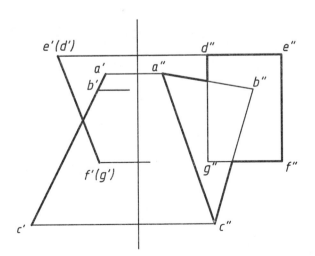

2.

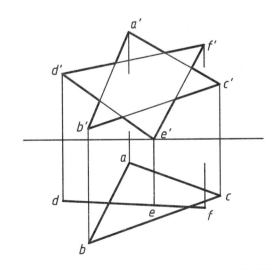

班级 _____ 姓名 _____ 学号 _____

2-37 求直线与平面的交点,并判别可见性。

1.

2.

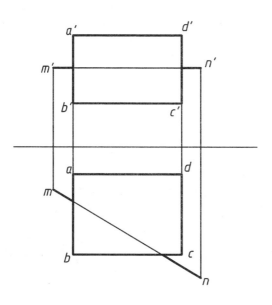

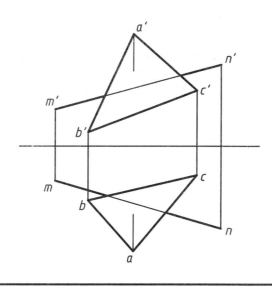

2-38 求两平面的交线,并判别可见性。

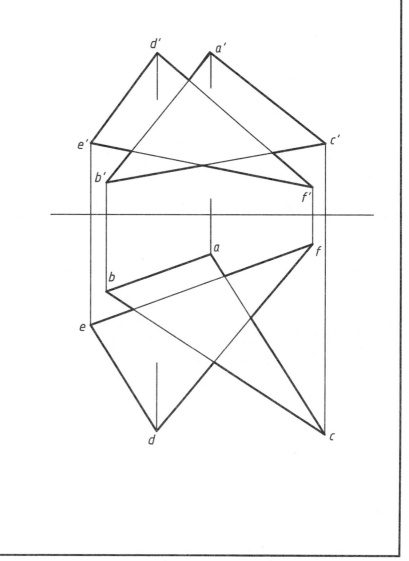

2-39 求两平面的交线，并判别可见性。

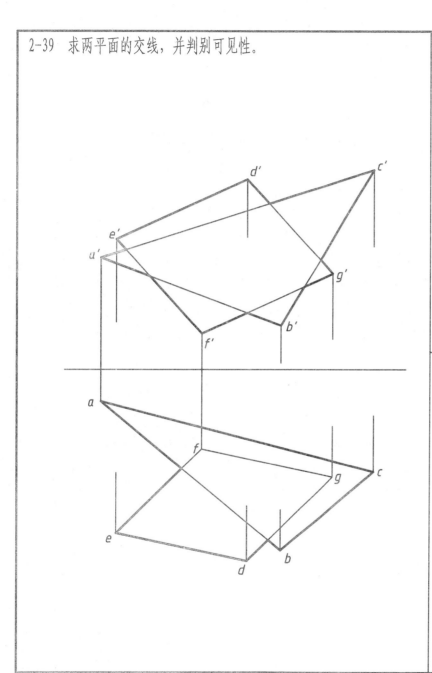

2-40 求两平面的交线。

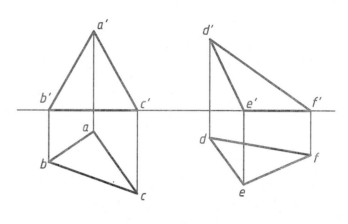

2-41 求三个平面的共有点K。

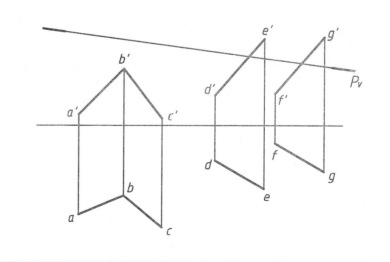

2-42 求作正方形ABCD,使其顶点A在直线EF上,顶点C在直线BG上。

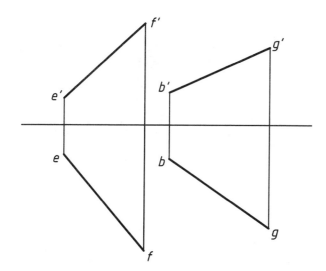

作图步骤:

2-43 求作矩形ABCD,使其顶点A、B、C分别在直线MN、KL、HI上,并使AB∥EF。

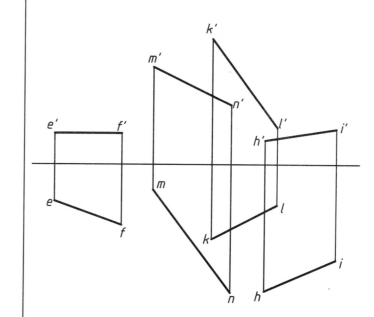

作图步骤:

2-44 已知 $AB \perp BC$,求 ab。

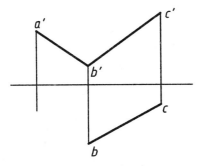

2-45 已知两平行直线 AB、CD 的间距为16mm,求 cd。

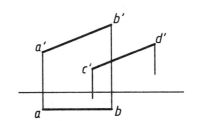

2-46 已知以 AB 为底边的等腰 $\triangle ABC$ 的 $\beta=30°$,其高为26mm,试完成 $\triangle ABC$ 的两面投影。

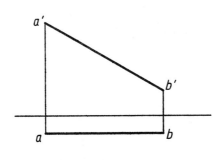

2-47 求点 K 到直线 AB 的距离。

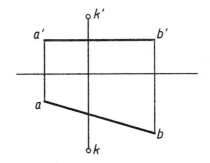

2-48 求点K到直线AB的距离。

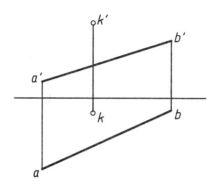

2-49 求△ABC与△ABD两平面的夹角。

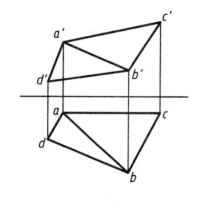

2-50 已知铅垂放置的圆平面的迹线和圆心,设圆的直径为φ30,求圆的两面投影图,并运用换面法作出圆的实形。

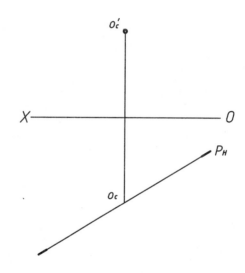

2-51 采用旋转法求线段AB的实长及对V面的倾角β。

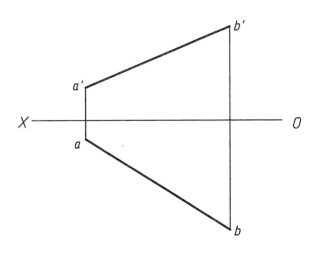

2-52 已知线段AB的实长为45mm，求水平投影ab。

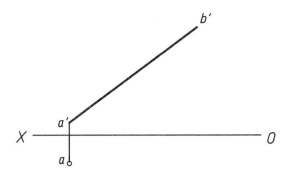

2-53 采用旋转法，求△ABC的实形。

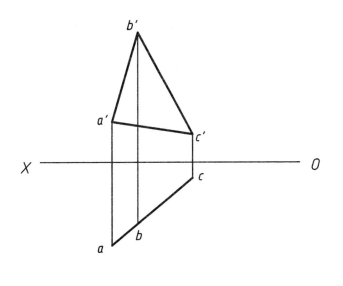

2-54 采用旋转法求平面ABC对V面的倾角β。

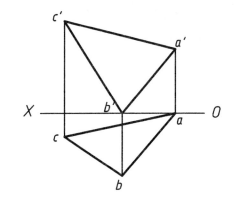

第三章
基本体

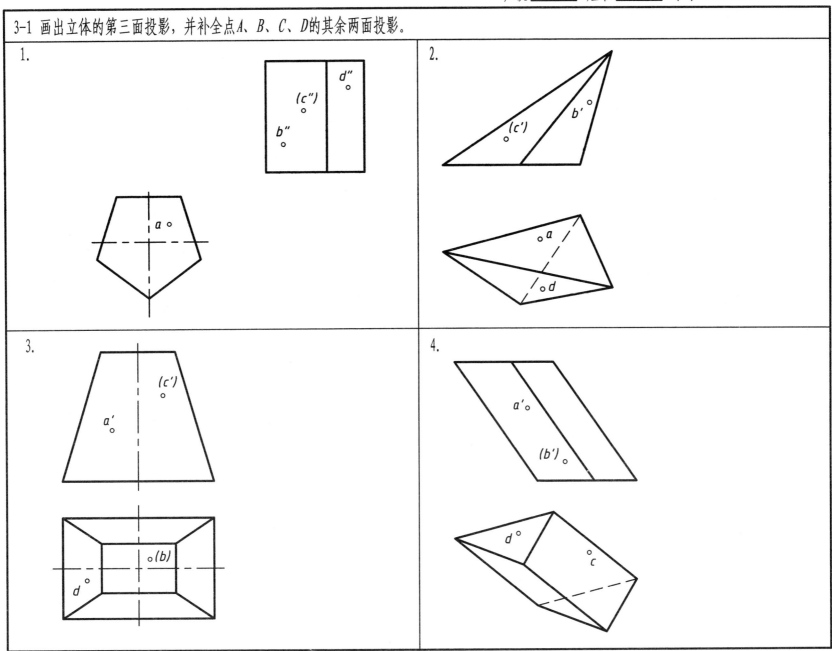

班级 _____ 姓名 _____ 学号 _____

3-2 画出立体的第三面投影，补全立体表面上线段的其余两投影。

1.
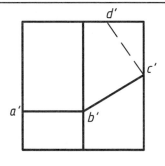

2.
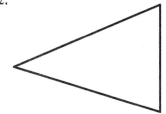 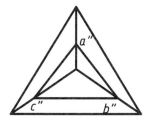

3-3 画出圆柱面的侧面投影，并补全该表面上点的其余两面投影。

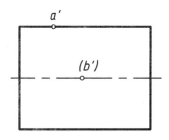

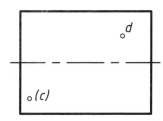

3-4 已知圆柱表面上直线AB、圆弧BC、DE的正面投影，画出其水平投影和侧面投影。

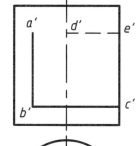 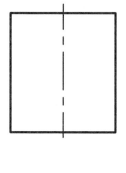

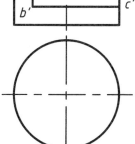

3-5 已知圆柱面上曲线ABC的正面投影，画出其水平投影和侧面投影。

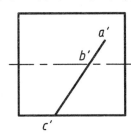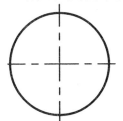

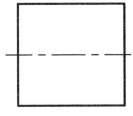

3-6 已知圆柱表面上直线AB、圆弧BC、曲线CA的正面投影，画出其水平投影和侧面投影。

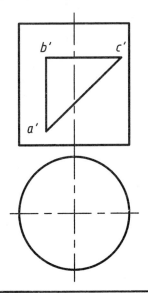

3-7 用指定方法完成圆锥面上A、B、C点的其余两面投影。

1. 用辅助直素线法

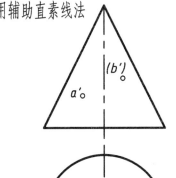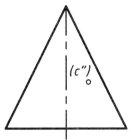

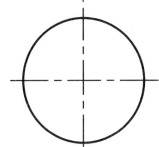

2. 用辅助纬圆法

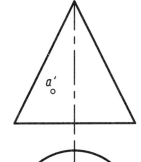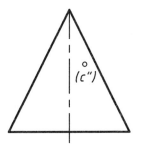

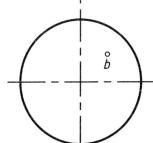

3-8 补全圆锥面上素线SA、曲线AB的另外两面投影。

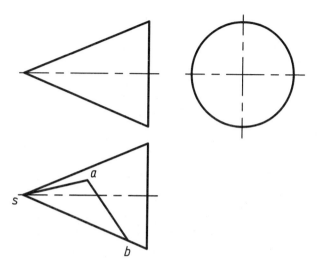

3-9 补全圆球面上A、B、C、D、E点的另外两面投影。

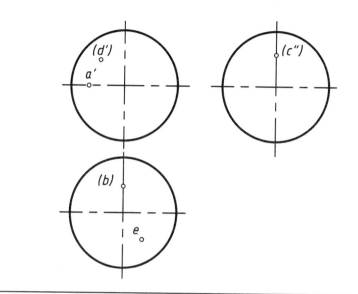

3-10 补全圆台面上圆弧AB、曲线CD的另外两面投影。

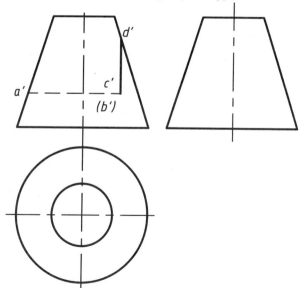

3-11 画出半球面上组合线ABCD的水平投影和侧面投影。

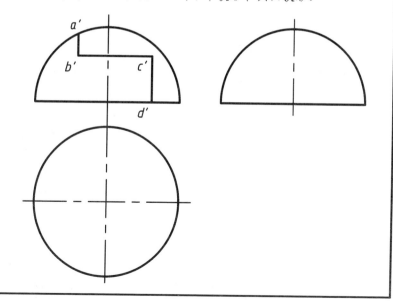

班级 _____ 姓名 _____ 学号 _____

3-12 根据切割后三棱柱的两面投影，绘制其表面展开图。

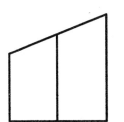

3-14 绘制弯管的展开图。

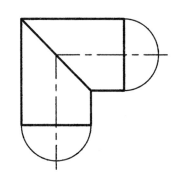

3-13 根据切割后三棱锥的两面投影，绘制其表面展开图。

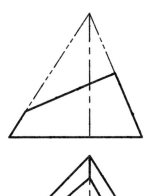

3-15 绘制被截切圆锥的展开图。

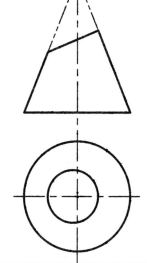

33

第四章
立体的截切与相贯

4-1 已知缺口三棱锥的正面投影,完成水平投影和侧面投影。 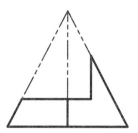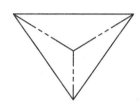	4-2 补全切口四棱台的水平投影和侧面投影。 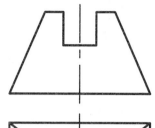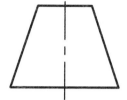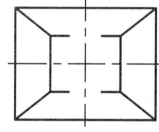
4-3 已知被截切五棱柱的正面投影,完成其水平投影和侧面投影。 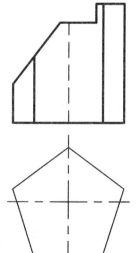	4-4 完成带方孔正四棱柱被正垂面和水平面截切后的侧面投影。 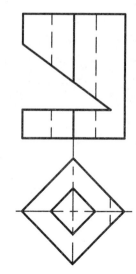

4-5 画出被截切圆柱的侧面投影。

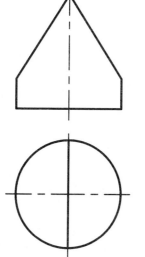

4-6 画出被截切空心圆筒的水平投影。

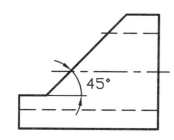 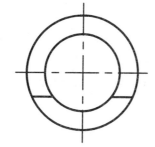

4-7 画出缺口圆柱的正面投影，并将1、2题作比较。

1.

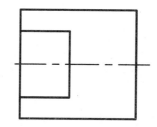

2.

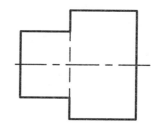

4-8 画出穿孔圆柱的侧面投影。

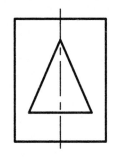

4-9 画出缺口空心圆筒的水平投影。

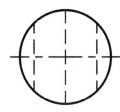

4-10 补全被截切圆柱的水平投影和侧面投影，并将1、2题作比较。

1.

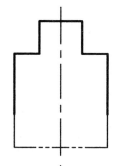 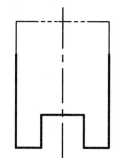

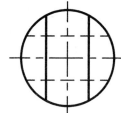

2.

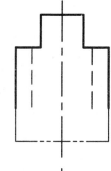 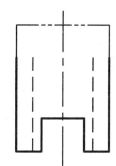

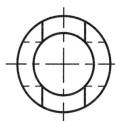

班级 _____ 姓名 _____ 学号 _____

4-11 求作被截切圆锥的水平投影和侧面投影。

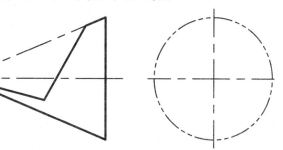

4-12 求作物体的正面投影。

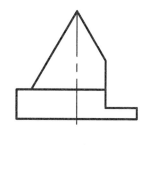

4-13 画出被截切圆台的水平投影和侧面投影。

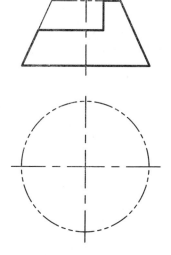

4-14 补全缺口圆台的侧面投影，求作水平投影。

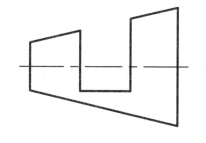 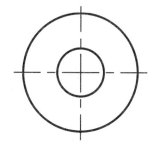

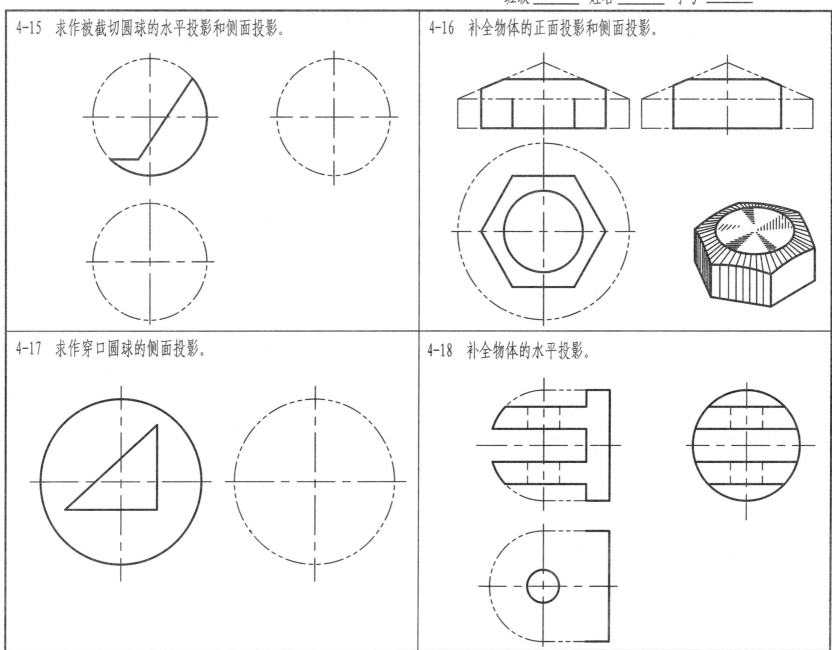

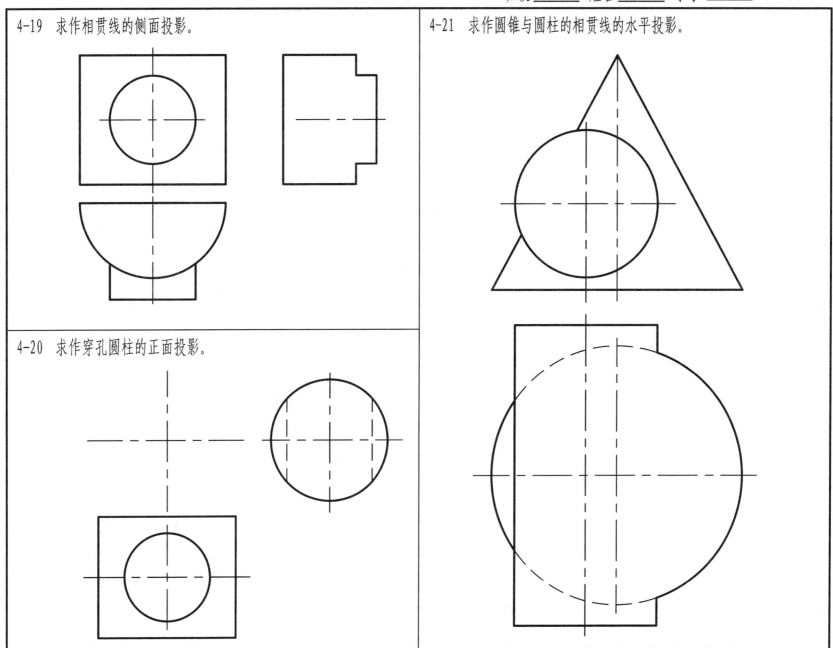

4-22 完成圆柱与1/8圆球相贯线的V面投影。

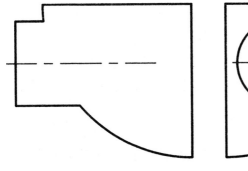

4-24 补全圆锥被挖切圆球后的正面投影和水平投影。

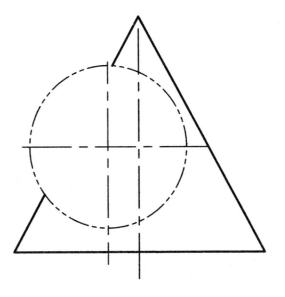

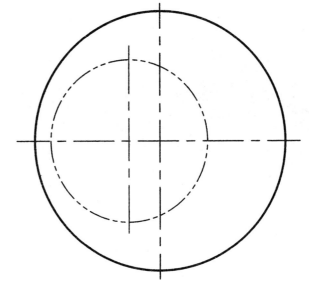

4-23 求作圆锥被挖切圆柱后的正面投影。

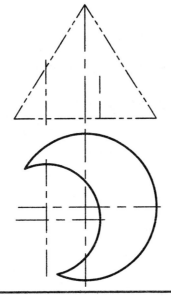

班级 _____ 姓名 _____ 学号 _____

4-25 画出两立体相贯线的正面投影和水平投影。

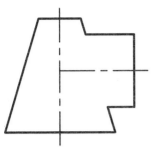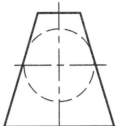
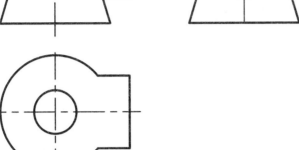

4-26 求作物体的正面投影。

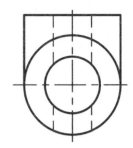
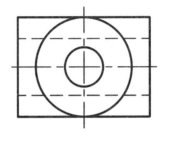

4-27 求作物体的侧面投影。

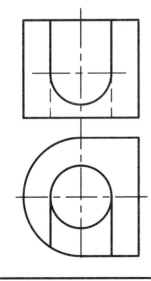

4-28 求作物体的水平投影。

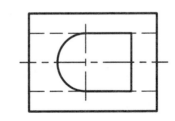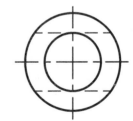

4-29 补全物体上组合交线的正面投影。

1.

2.

4-31 画出物体的正面投影。

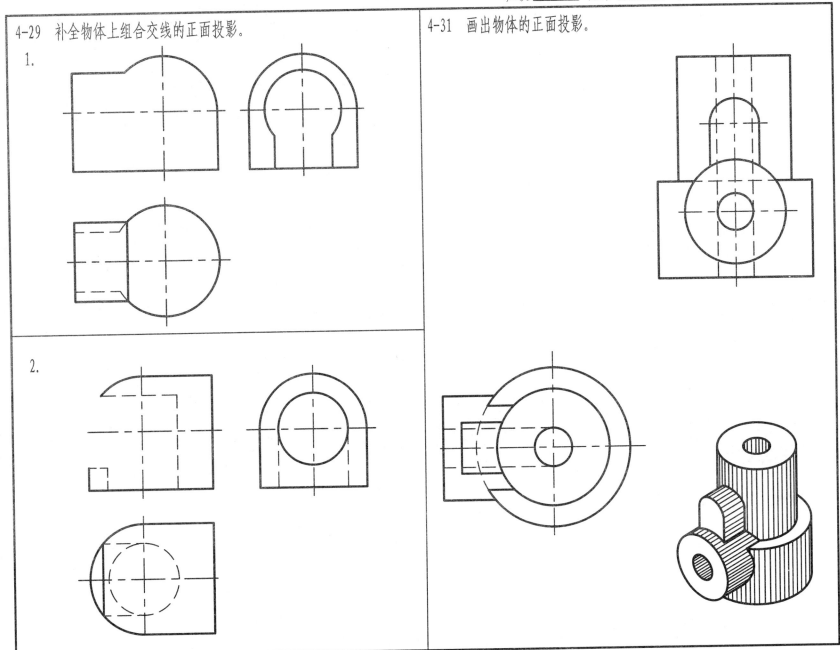

4-32 标注下列各形体的尺寸。

1.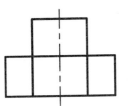

2.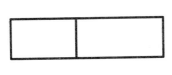

3.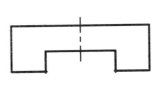

4.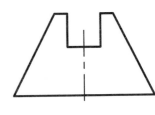

5.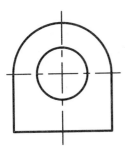

6.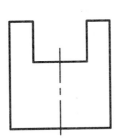

7.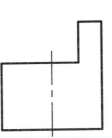

8.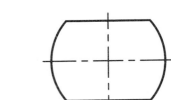

第五章
轴 测 图

5-1 根据投影图徒手画正等轴测图。

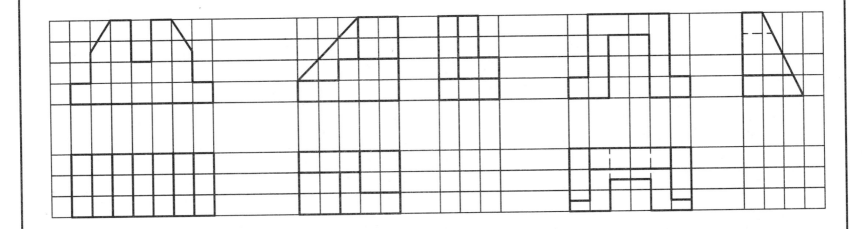

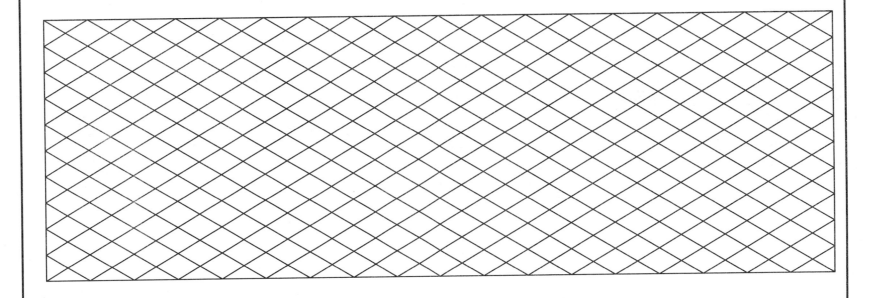

46

5-2 绘制物体的正等测图。

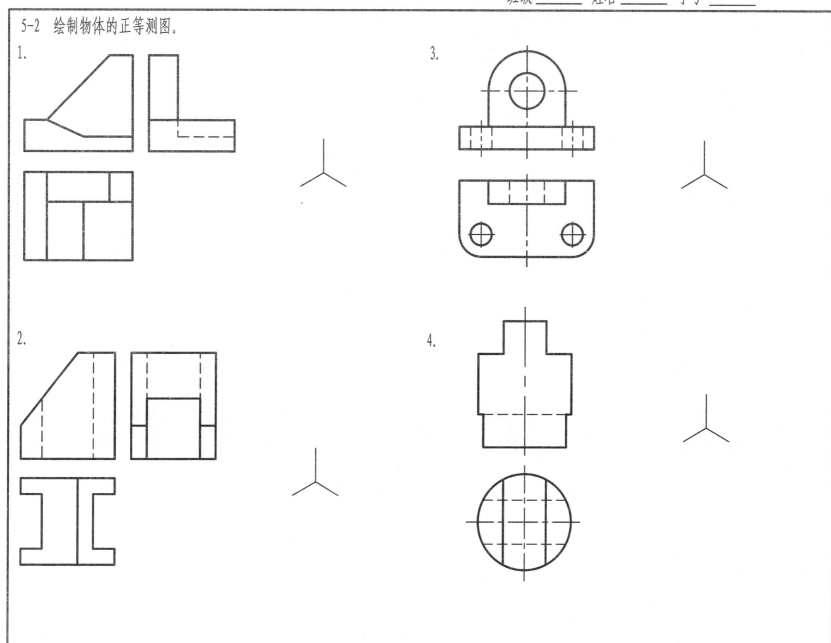

5-3 绘制物体的斜二测图。

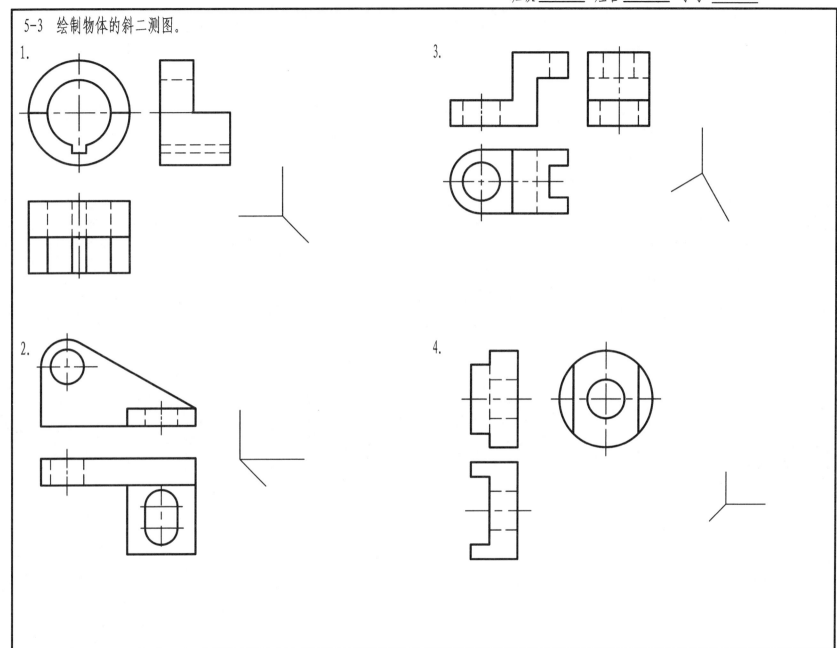

第六章
组合体的投影

6-1 根据已知条件，补全组合体三视图中所缺的图线。

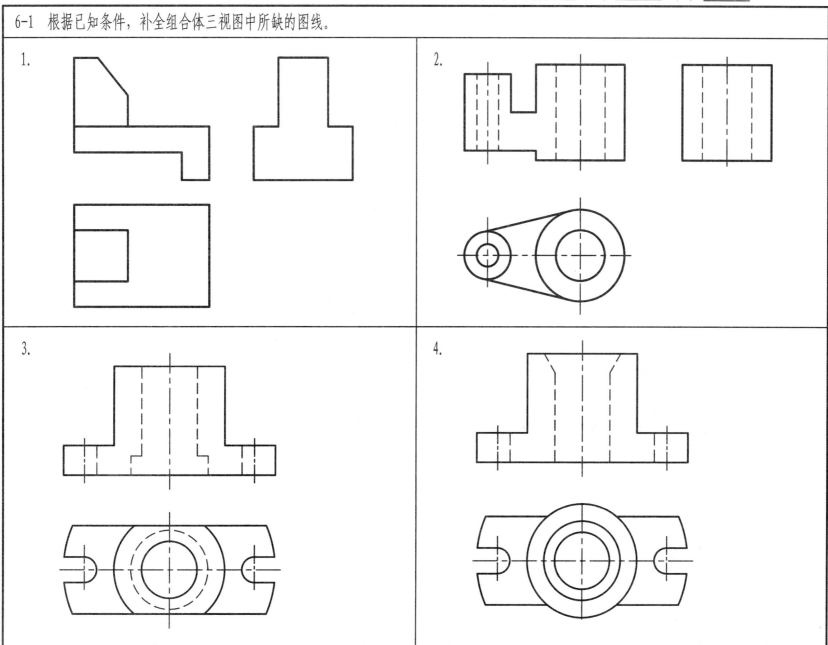

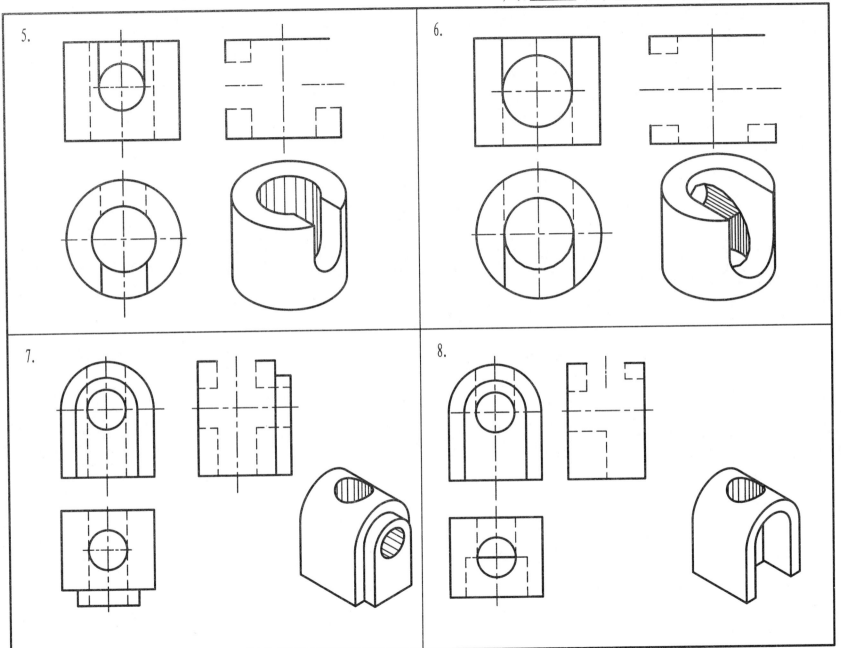

6-2 根据组合体的立体图，绘制三视图（比例：1:1）。

1.

2.

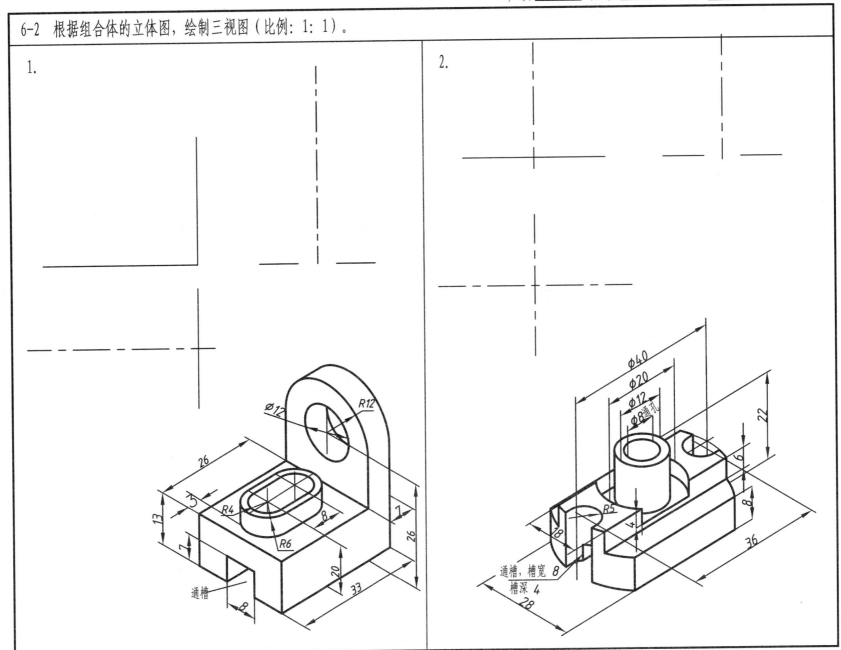

3.

6-3 标注组合体的尺寸。

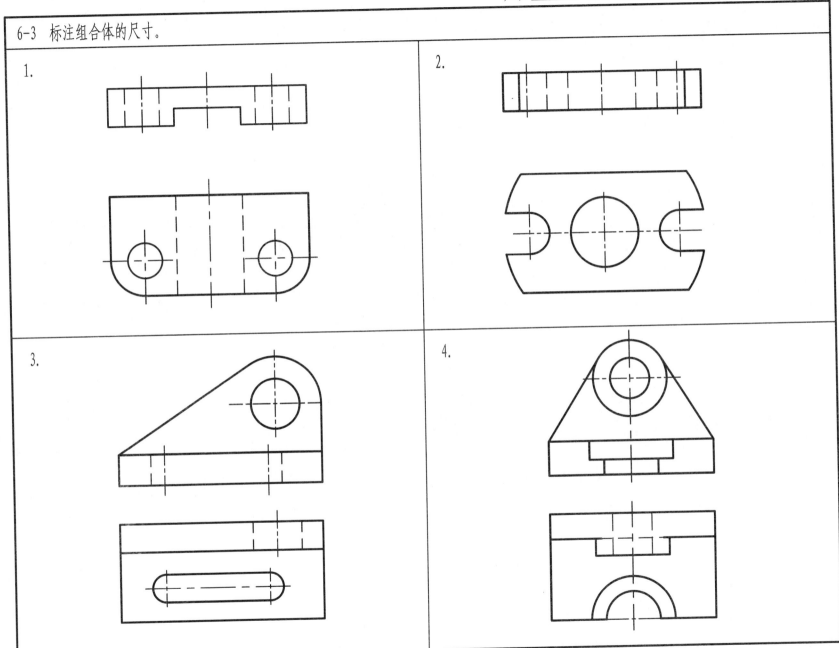

6-4 根据给定的两个视图，补画第三视图。

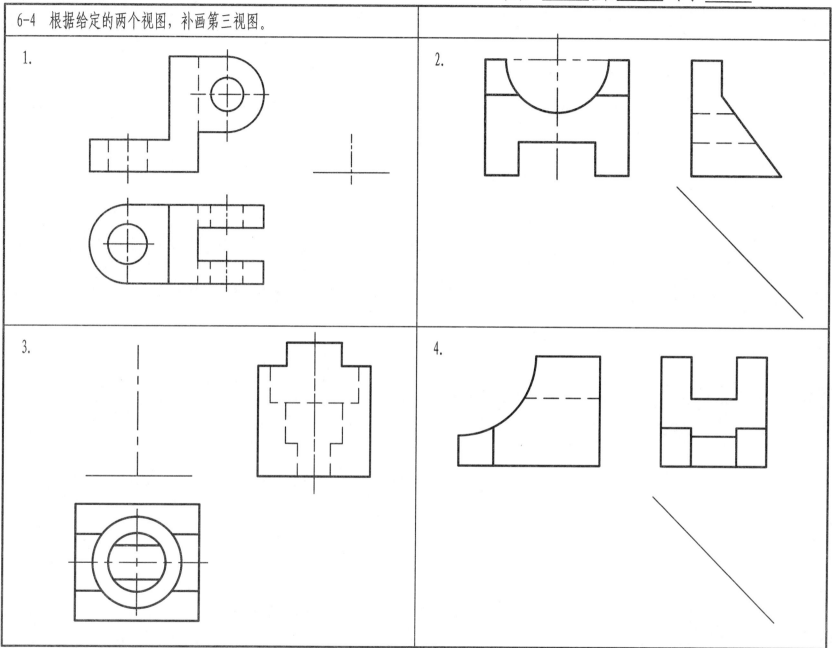

6-5 根据给定的两个视图，补画第三视图，并将1与2、3与4进行比较。

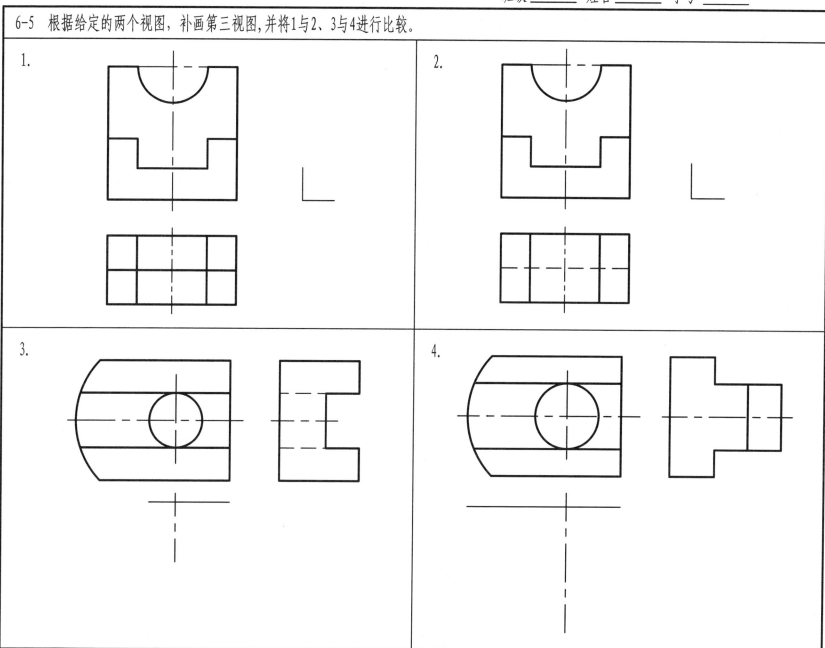

6-6 根据给定的两个视图，补画第三视图。

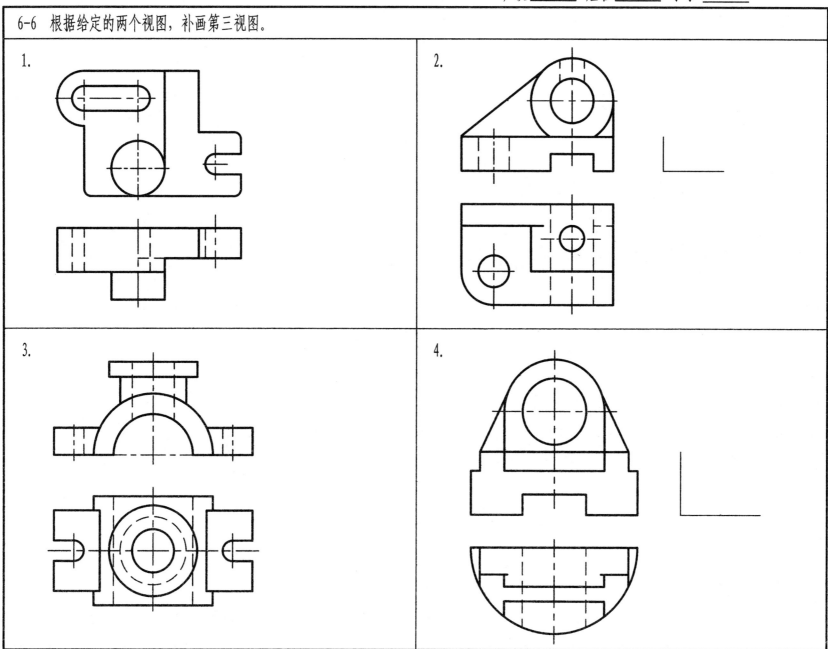

6-7 根据给定的两个视图，补画第三视图，并标注尺寸。

1.

2.

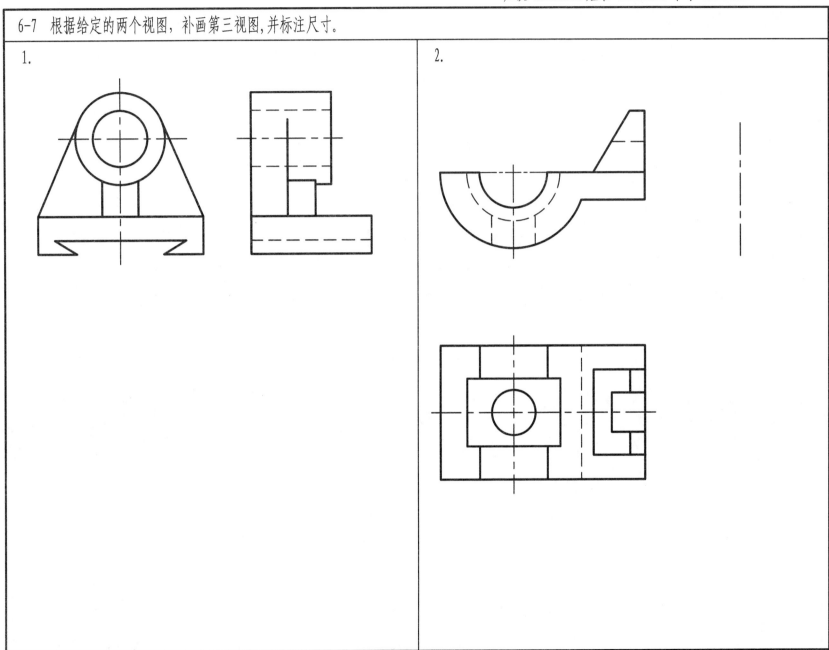

6-8 根据给定的两个视图，补画第三视图。

1.

2.

3.

4.

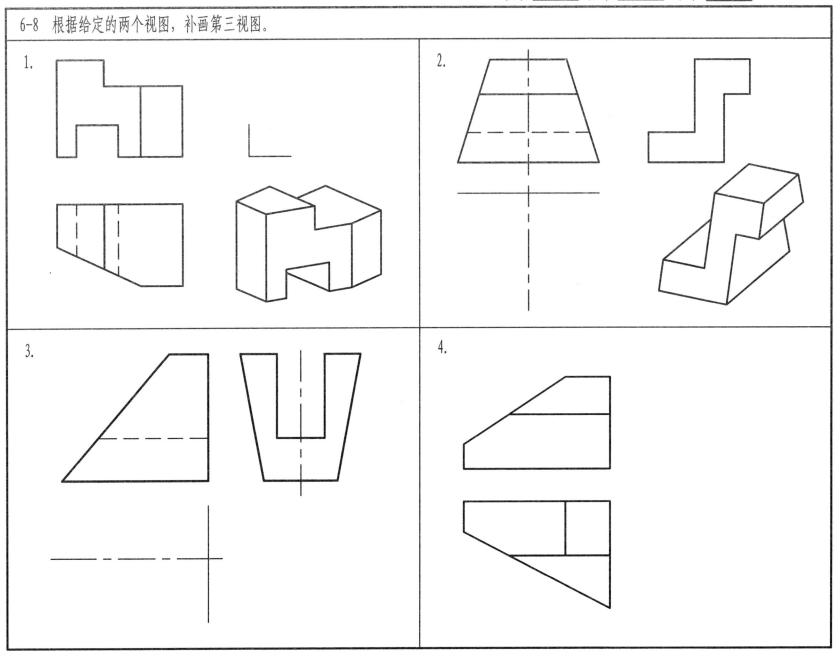

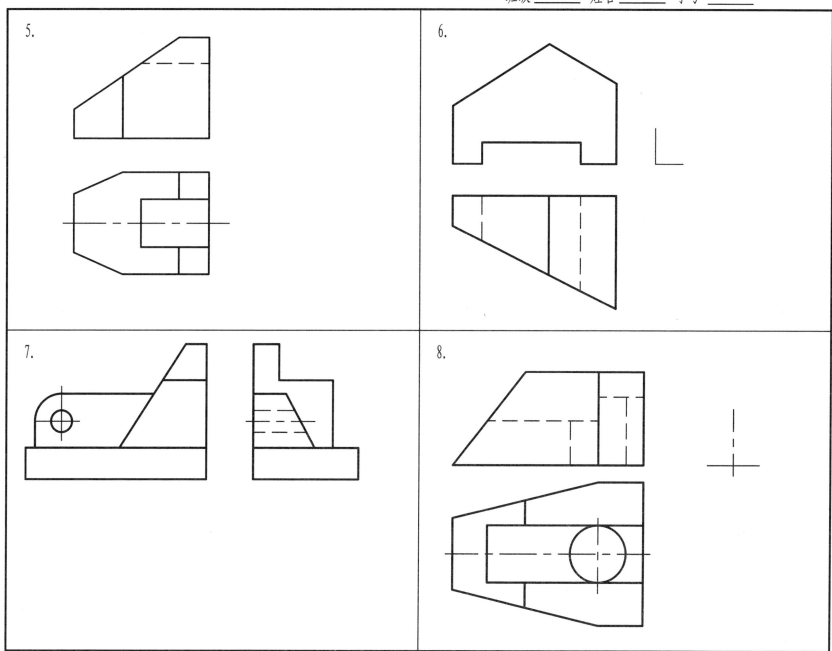

6-9 根据两个视图,求作第三视图。

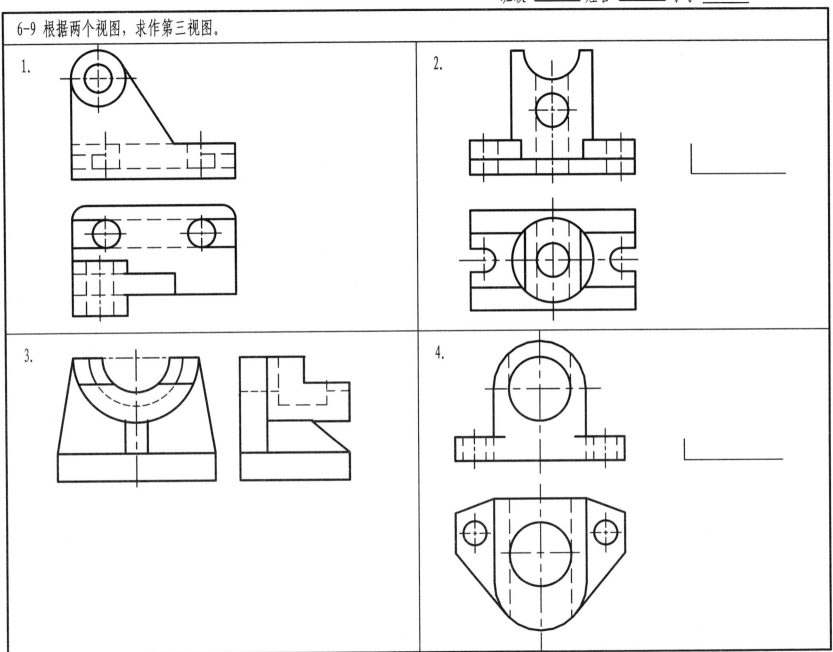

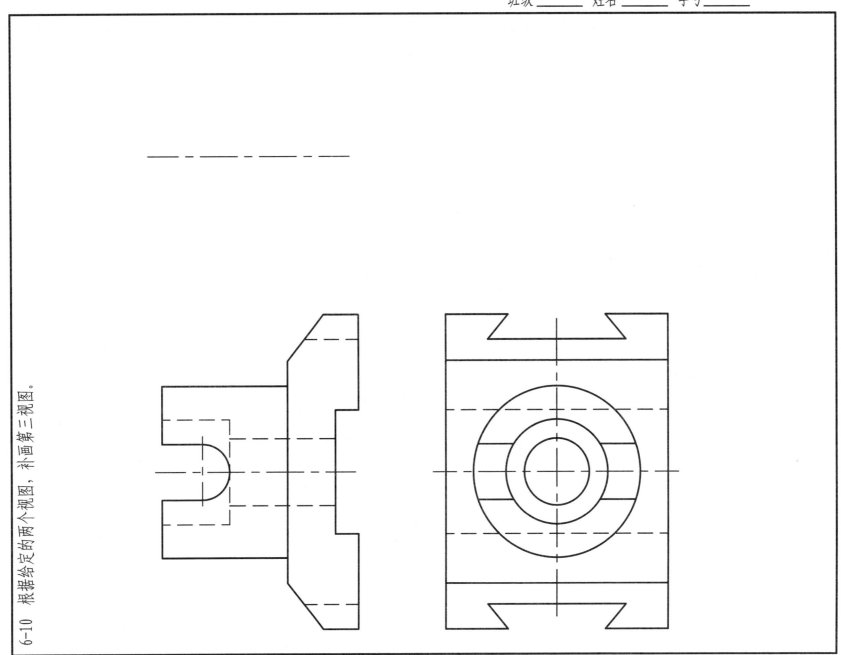

6-10 根据给定的两个视图，补画第三视图。

6-11 根据给定的两个视图，补画左视图，标注尺寸。

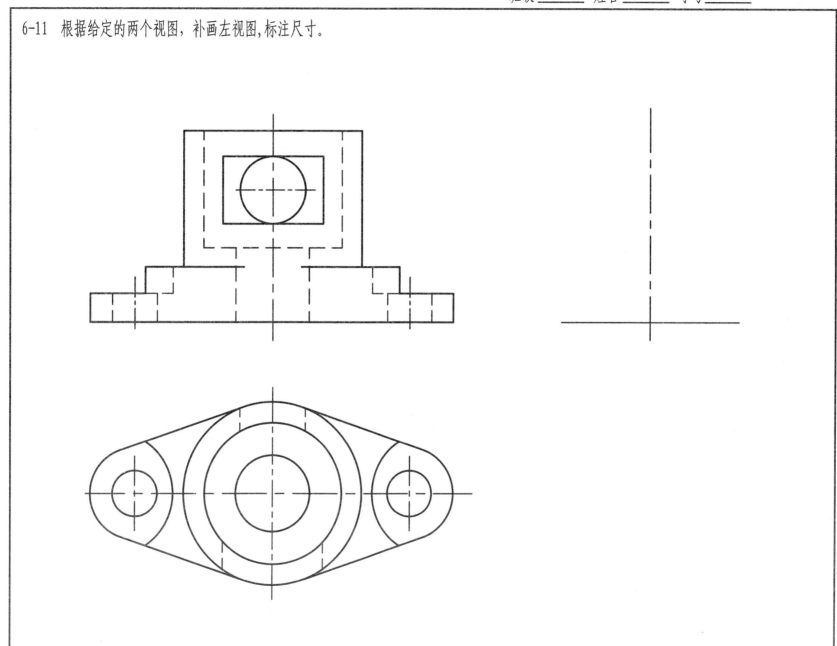

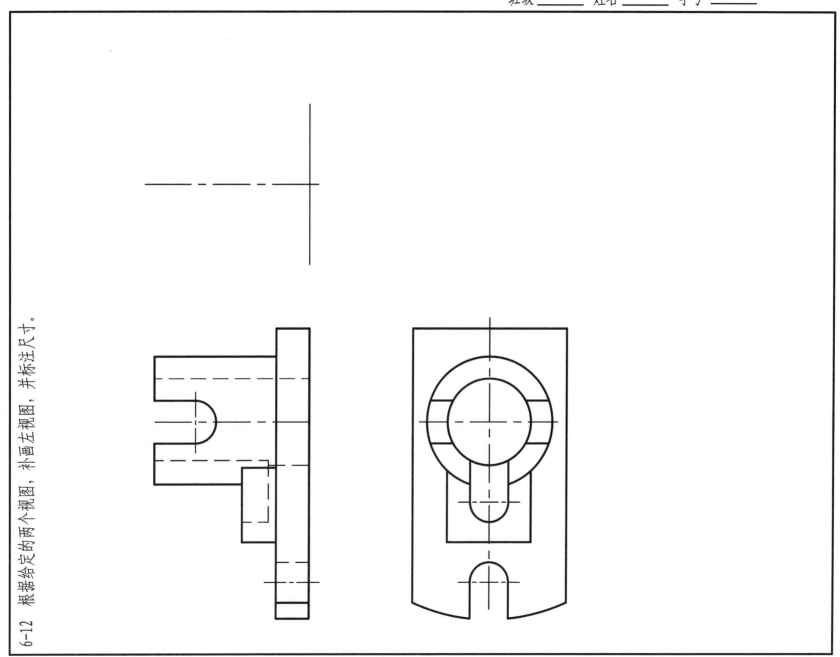

第七章 机件形体的表达方式

7-1 已知一机件的主视图和俯视图，补画左视图、右视图、仰视图和后视图。

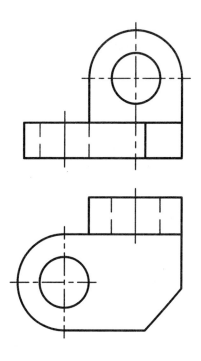

7-2 按照箭头所指的方向,在适当位置画出机件的向视图。

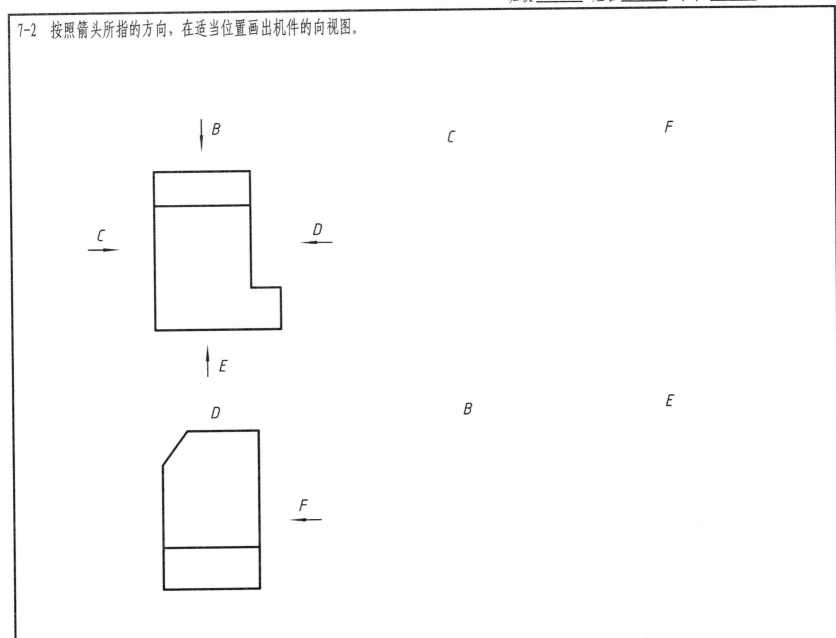

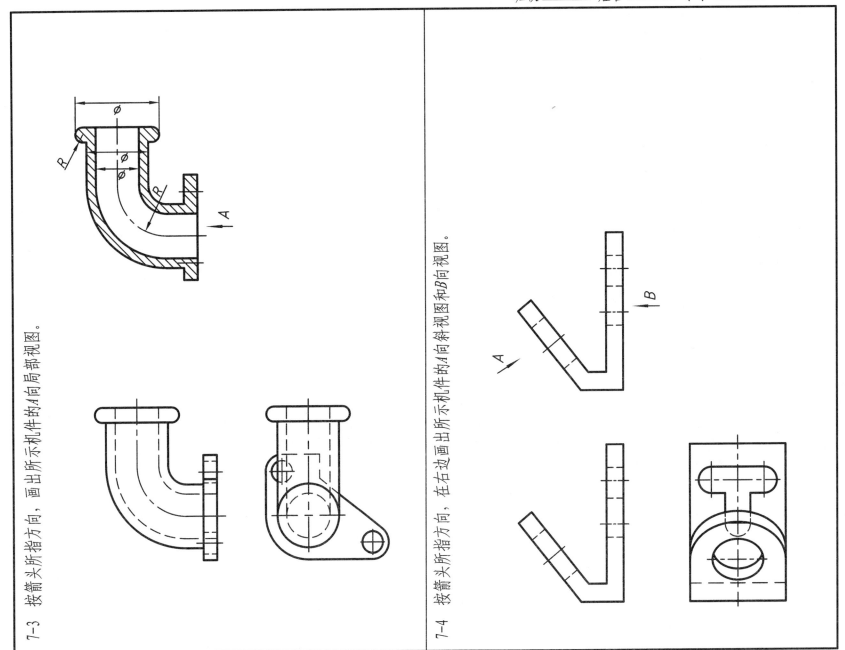

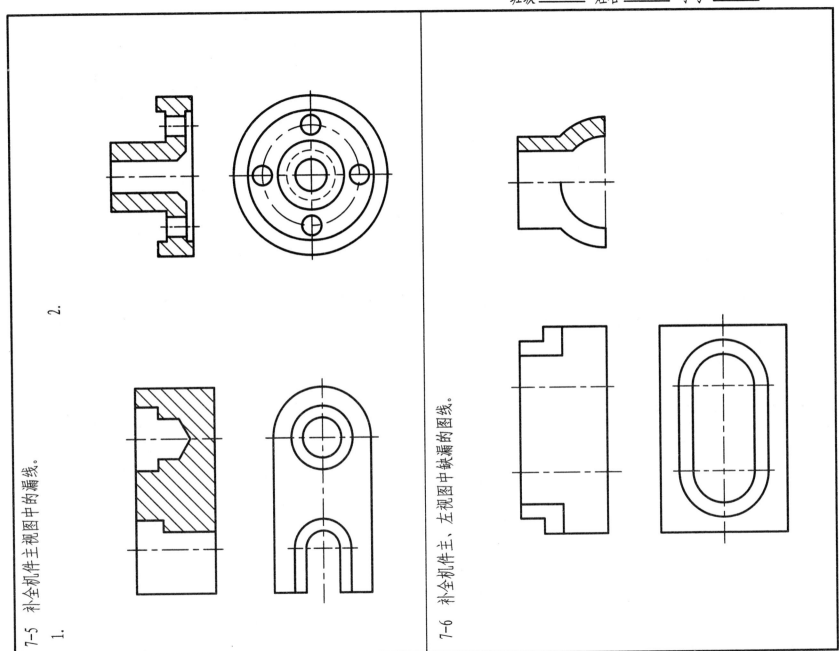

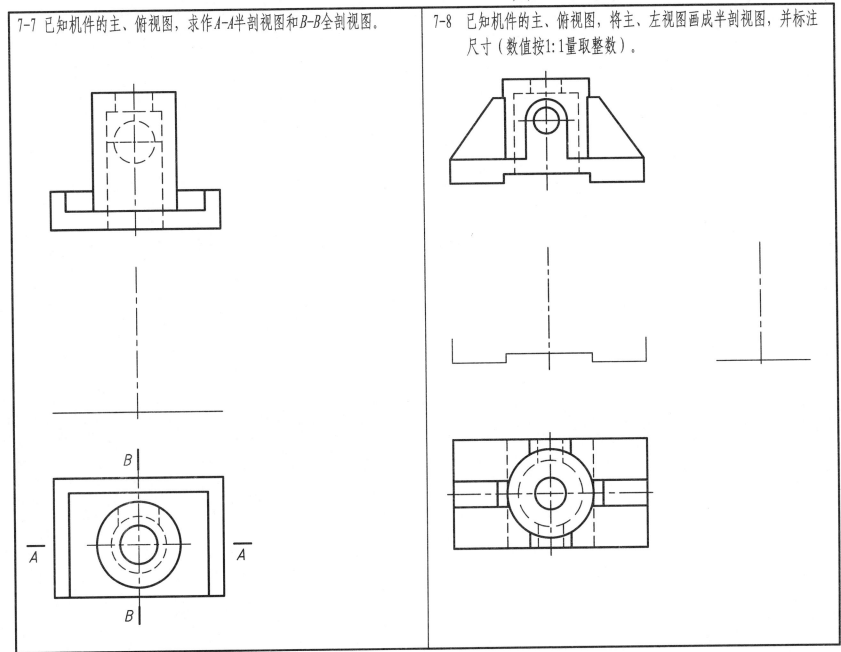

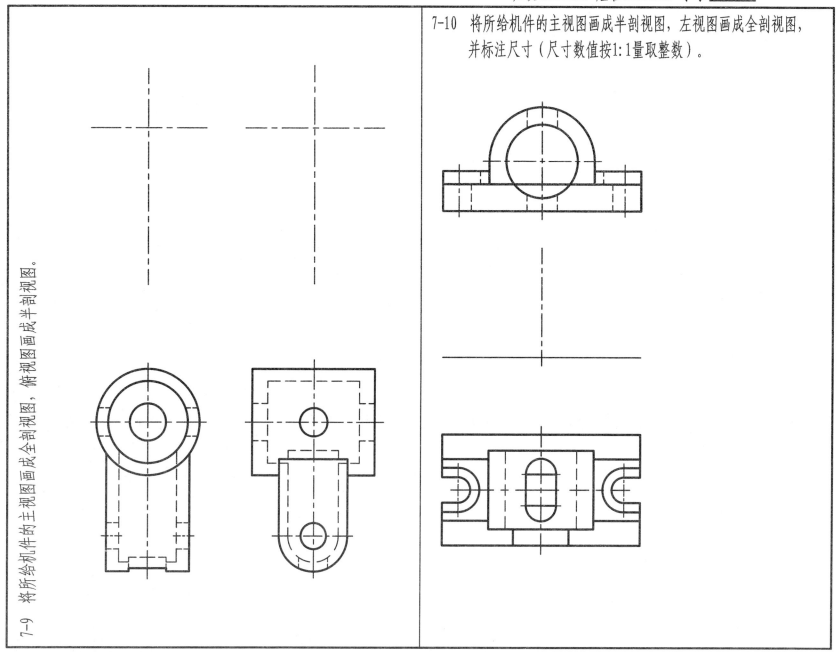

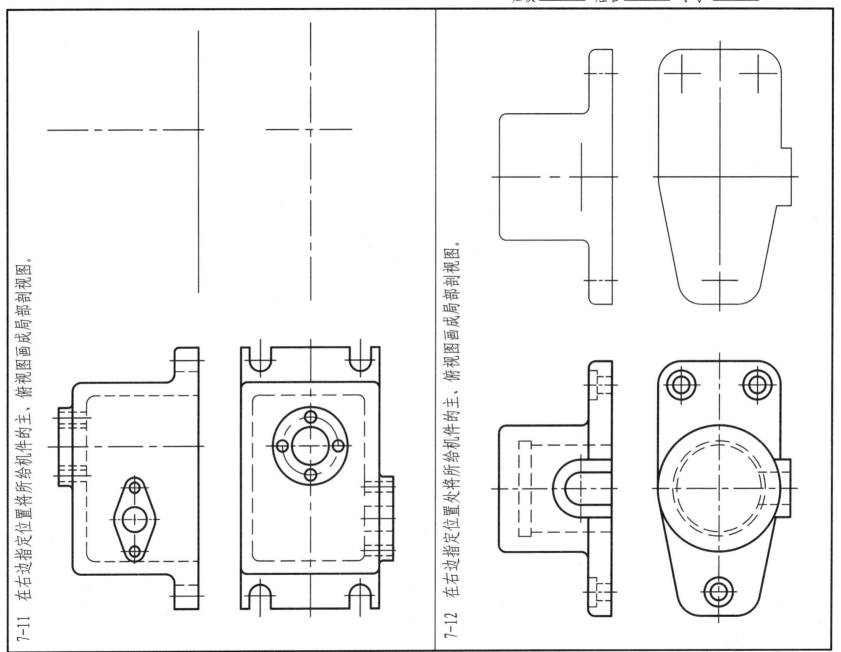

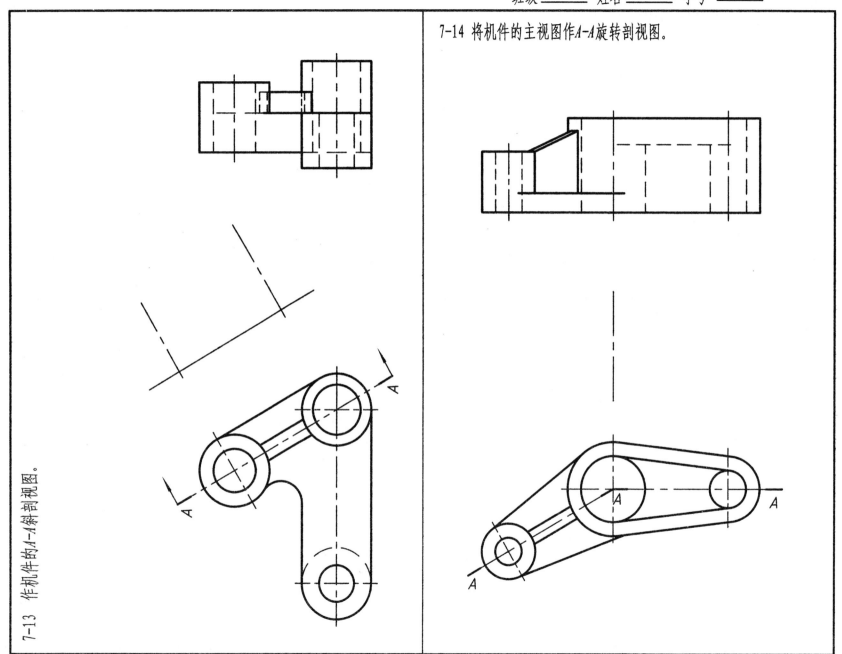

7-15 将机件的主视图作A—A阶梯剖视图。

7-16 将机件的主视图作A—A复合剖视图。

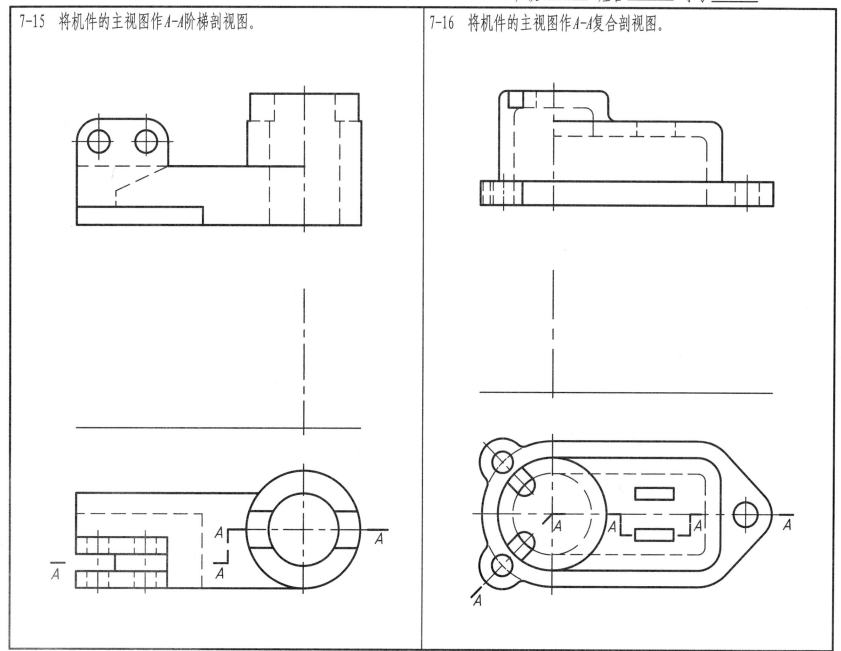

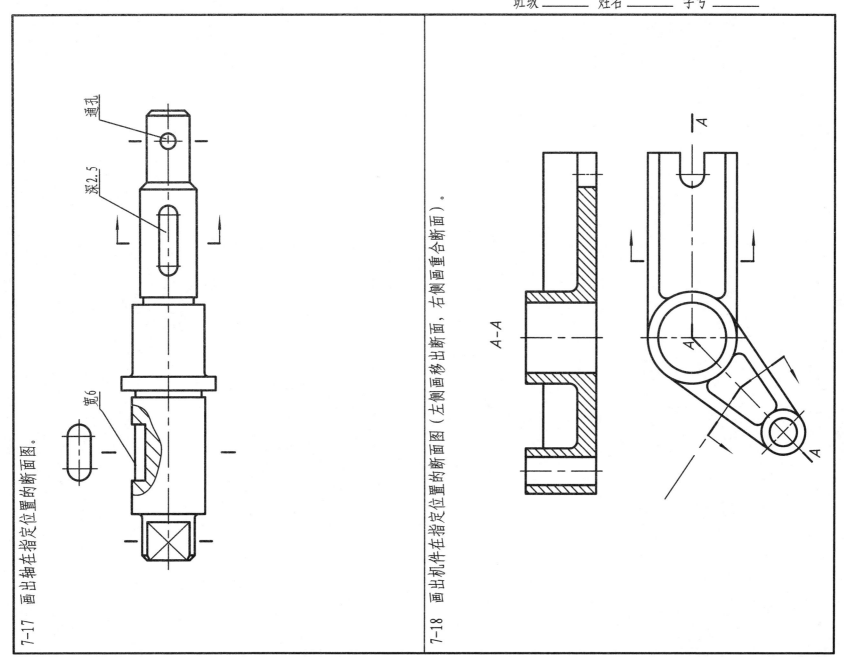

7-19 已知机件的主、俯视图，试选择合理的表达方案表达机件，并标注尺寸（尺寸数值按1:1从图中量取整数）。

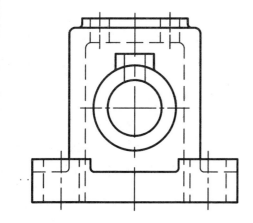

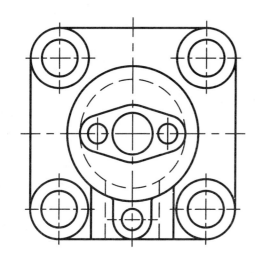

第八章
AutoCAD 绘图基础

8-1 按图中给定的坐标和尺寸绘制图形（可以采用多种方式输入点的坐标）。

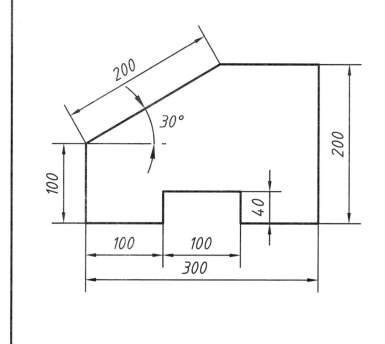

8-2 任意绘出一个矩形，并以矩形的四边中点为圆心作出四个圆，使四个圆在矩形的中心相交。

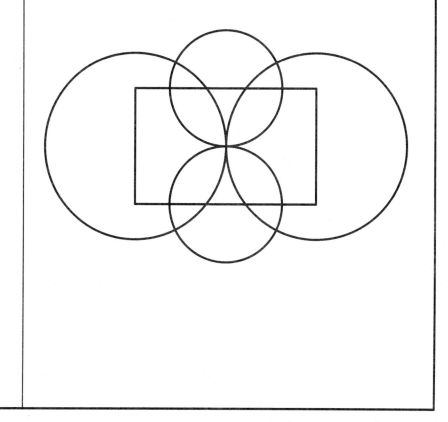

班级 _____ 姓名 _____ 学号 _____

8-3 绘制下列图形，并标注尺寸和文字。

绘图环境设置：
1. 设置绘图范围为A3图纸大小。
2. 尺寸单位为毫米，取整。
3. 设置汉字为国标仿宋体，字高为4；
   尺寸数字为ISOCP字体，字高为3.5。
4. 图层、颜色及线型设置：
   实线——白色；
   虚线——黄色；
   点画线——红色；
   尺寸线——紫色；
   细实线——绿色；
   文字——青色。
   除实线线宽为0.5以外，其余各层线宽为默认值。
5. 将设置好的底图保存为一个样板图形文件。
6. 按尺寸精确绘图并换名存盘。

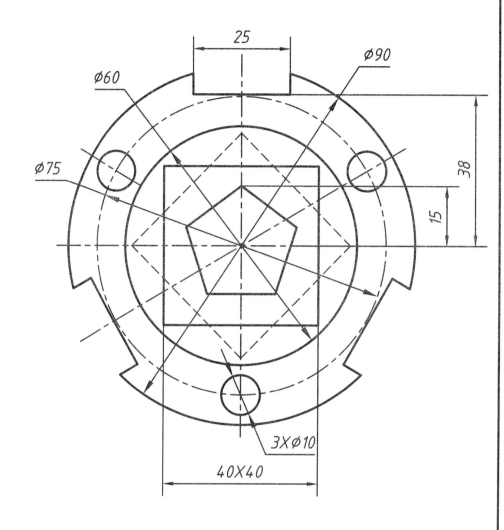

8-4 在直径为φ200的圆内绘出13个半径相同且互相相切的圆。

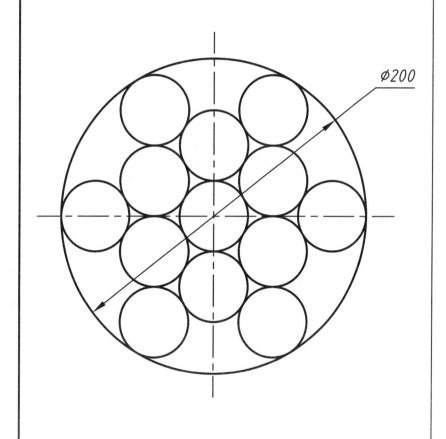

8-5 绘制下列图形。

1.

2.

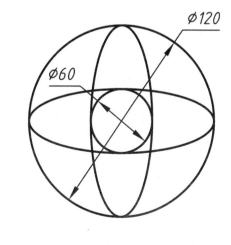

8-6 按尺寸绘图。并将图形和尺寸分别绘在不同图层上。

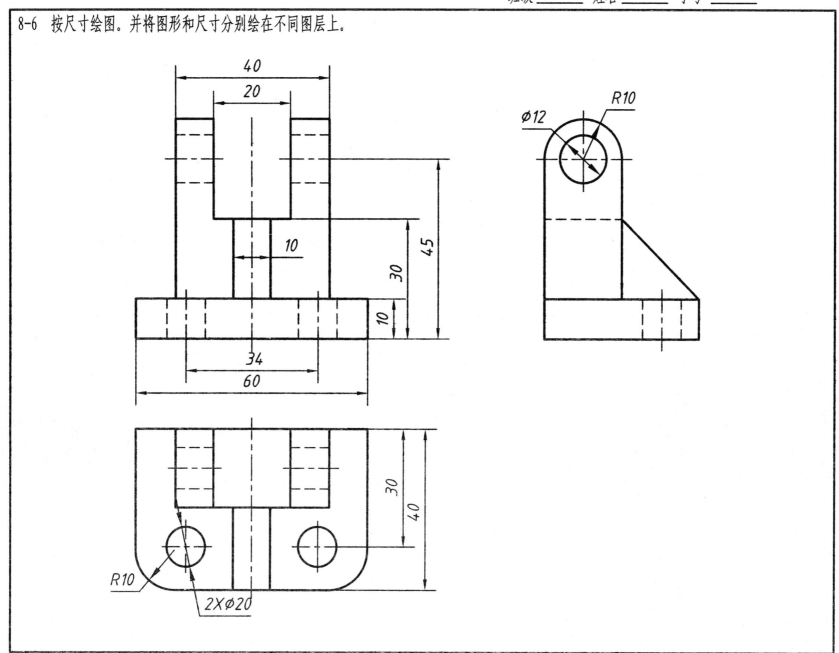

8-7 用1:1比例绘制2图，学会使用Array、Trim、Erase等命令。
   提示：先画出1图，再用编辑命令完成2图。
1.

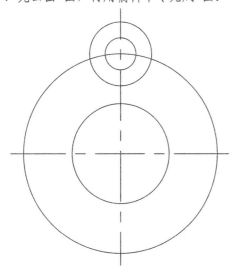

2.

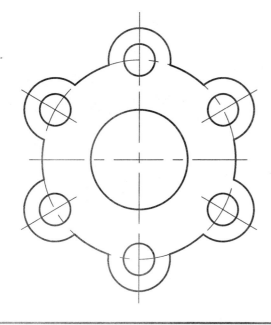

8-8 用1:1比例绘制2图。学会使用Extend、Mirror、Stretch、Fillet等命令将1图编辑成2图。
   提示：先画出1图，再用编辑命令完成2图。

1.

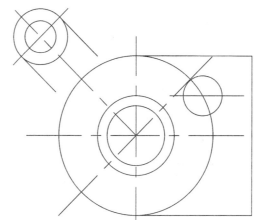

2.

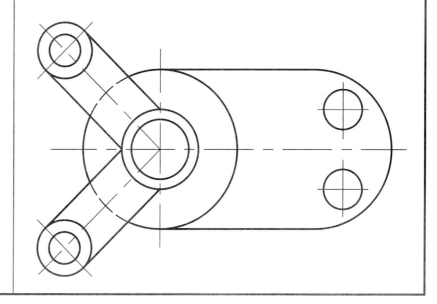

8-9 用Array、Trim、Erase等命令将1图编辑成2图，绘图比例1：1。

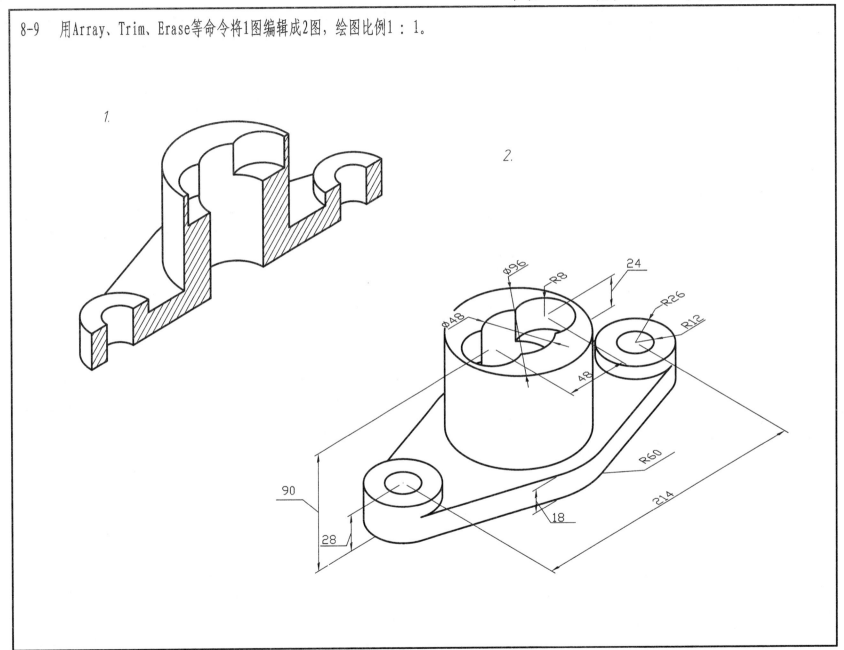

8-10 按图中尺寸创建三维实体模型,并标注尺寸。

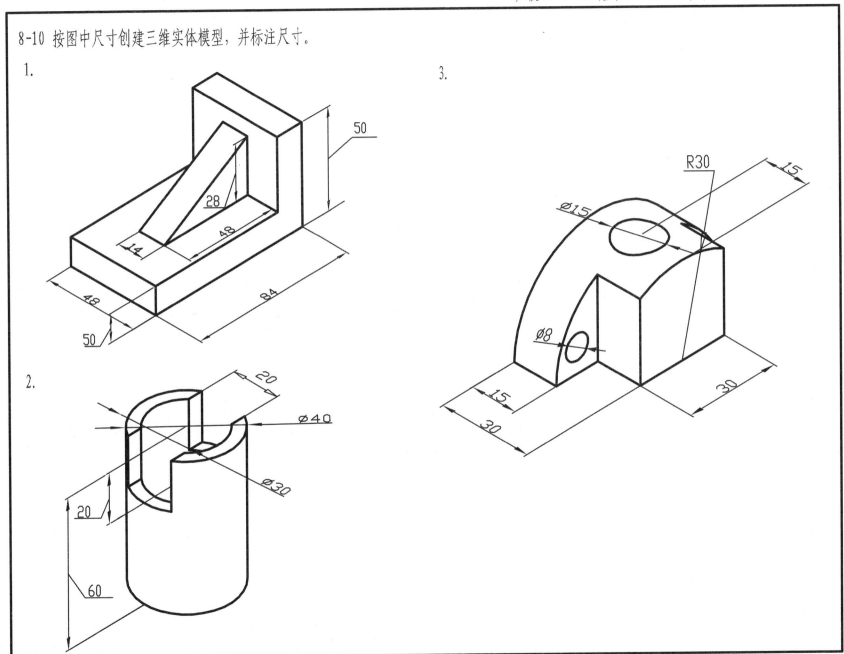

第九章
标准件和常用件

第六章

材料管理分析

班级 _____ 姓名 _____ 学号 _____

9-1 画出内外螺纹的主、左两视图并标注尺寸。

1. 外螺纹。大径为16mm，螺距为2mm，螺纹长度为30mm，螺纹倒角为2×45°。

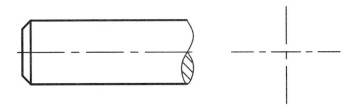

2. 内螺纹。大径为16mm，螺距为2mm，螺纹长度为28mm，钻孔深度为36mm，螺纹倒角为2×45°。

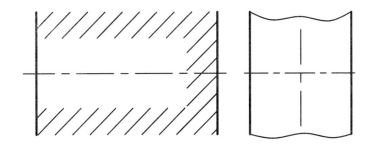

9-2 根据题9-1中1、2给出的已知条件画出内、外螺纹的连接图，旋合长度是20mm。

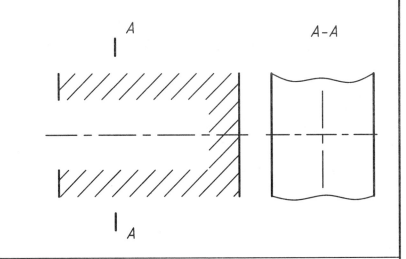

9-3 在所给出的铸铁块上加工出M12-7H的螺纹孔，画出两个视图，并标注螺孔和钻孔的尺寸。

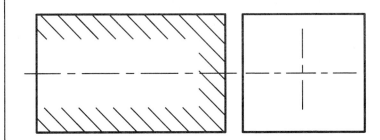

9-4 分析下列图中螺纹画法的错误，并将正确图形画在指定位置。

1.

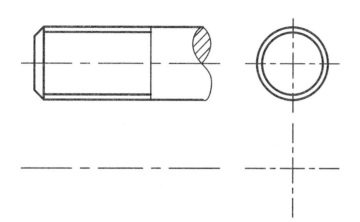

2.

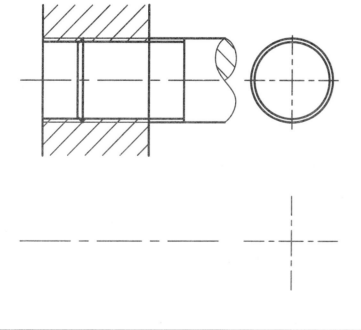

9-5 在图中标注出螺纹部分的尺寸。

1. 普通螺纹的大径为16mm，螺距为1mm，右旋，公差带代号6H，倒角为1.5×45°。

2. 普通螺纹的大径为20mm，螺距为2.5mm，右旋，公差带代号6g，倒角为1.5×45°。

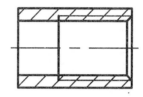 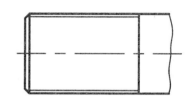

3. 非螺纹密封的圆柱管螺纹的公称直径为 $1\frac{1}{2}$ 英寸，A级，右旋，倒角为1.5×45°。

4. 梯形螺纹的大径为16mm，导程为8mm，线数2，中径公差带为8e，长度为100mm，左旋，倒角为2.5×45°。

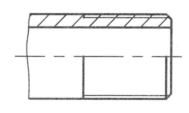 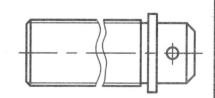

9-6 根据下列图中螺纹标注,填空说明螺纹的各个要素。

1.

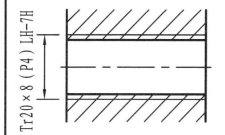

该螺纹为_____螺纹;
公称直径_____mm;
螺距为_____mm;
线数为_____线;
旋向为_____旋;
公差带代号为_____。

2.

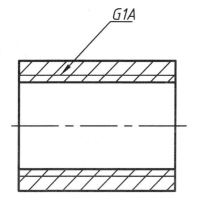

该螺纹为_____螺纹;
公称直径_____英寸;
螺纹大径_____mm;
螺纹小径_____mm;
螺距为_____mm;
旋向为_____旋。

9-7 根据已知条件查螺栓紧固件附表后写出规定标记,并在图中填写尺寸数字。

1. 六角头螺栓
   d=10 L=40 (GB5782—1986)
   规定标记:_____

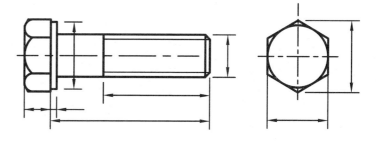

2. 六角头螺母
   d=12 (GB6170—1986)
   规定标记:_____

3. 平垫圈
   d=12 (GB97.1—1985)
   规定标记:_____

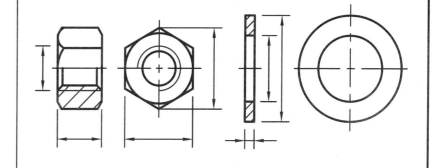

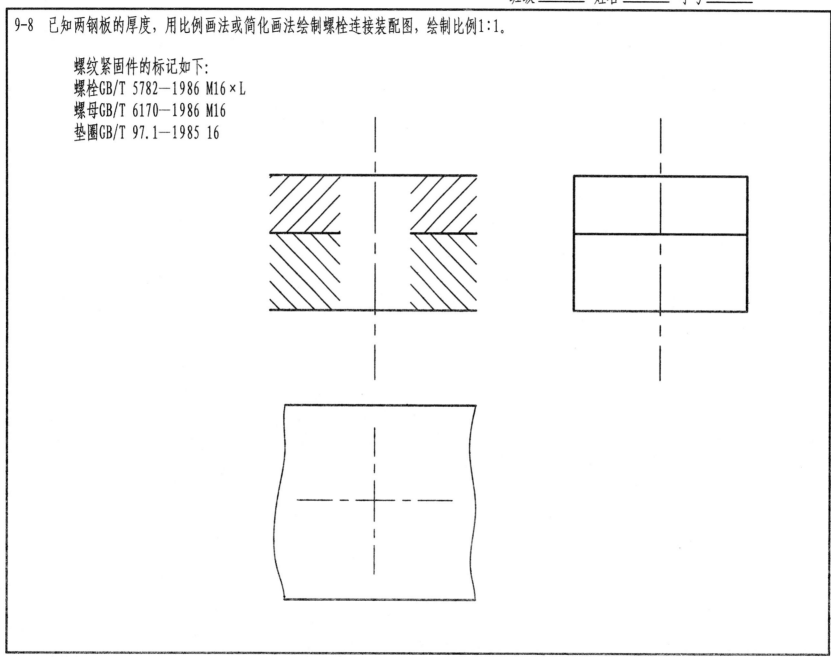

9-9 用螺钉GB/T 65—1985 M8L将两个铸铁零件连接，用2:1的比例绘制连接图。

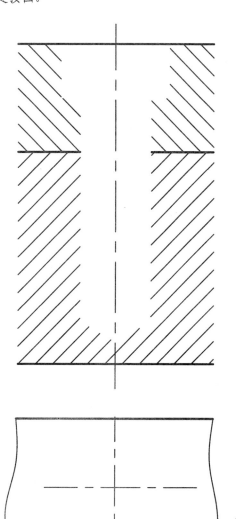

9-10 用螺柱将两块铸铝板连接，用1:1的比例绘制连接装配图。
螺柱紧固件的标记如下：
螺柱GB/T 899—1988 M16×L
螺母GB/T 6170—1986 M16
垫圈GB/T 93—1987 16

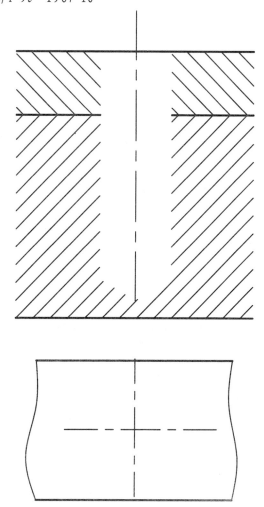

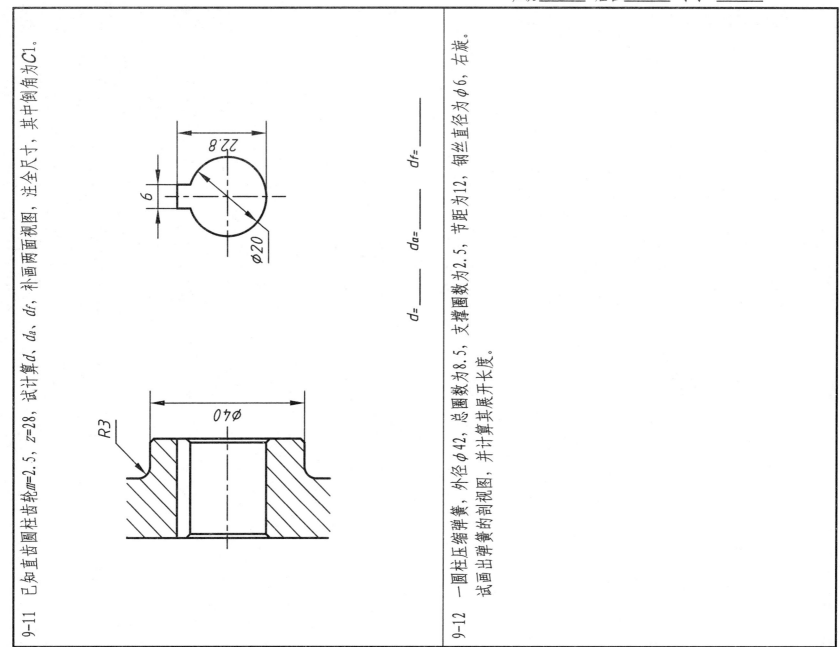

9-11 已知直齿圆柱齿轮 $m=2.5$，$z=28$，试计算 d、d_a、d_f，补画两面视图，注全尺寸，其中倒角为C1。

$d=$_____ $d_a=$_____ $d_f=$_____

9-12 一圆柱压缩弹簧，外径 $\phi42$，总圈数为8.5，支撑圈数为2.5，节距为12，钢丝直径为 $\phi6$，右旋。试画出弹簧的剖视图，并计算其展开长度。

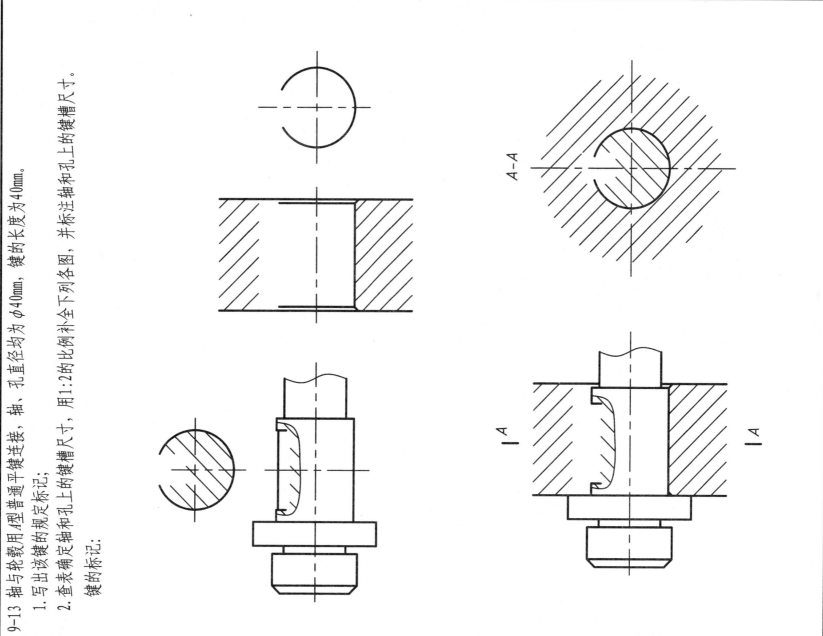

9-14 两直齿圆柱齿轮啮合，模数 $m=3$，大齿轮（从动轮）齿数 $z_2=22$，中心距 $a=60$mm，计算两齿轮的分度圆、齿根圆和齿顶圆直径，用1:1的比例完成其啮合图。

$d_1 = 54$

$d_{a1} = 60$

$d_{f1} = 46.5$

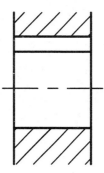

$d_2 = 66$

$d_{a2} = 72$

$d_{f2} = 58.5$

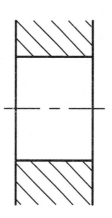

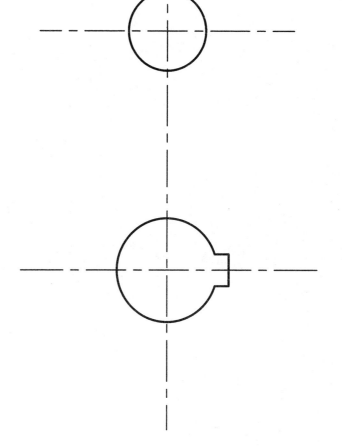

第十章
零件图

10-1 根据配合代号，分别标出孔和轴的偏差值。

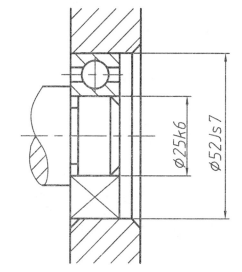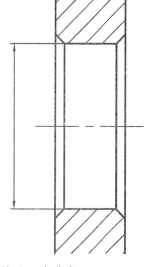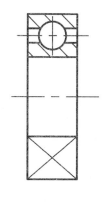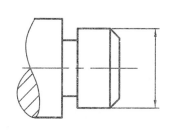

10-2 根据配合代号写出配合制度、公差带代号及配合种类。

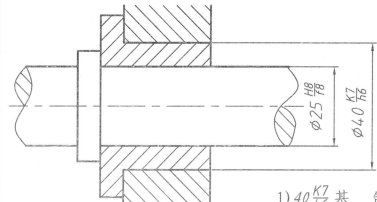

1) $40\dfrac{K7}{h6}$ 基___制，孔的公差带代号___；轴的公差带代号___；___配合。

2) $\phi 25\dfrac{H8}{f8}$ 基___制；孔的公差带代号___；轴的公差带代号___；___配合。

10-3 按要求将该零件表面粗糙度正确地标注出来。

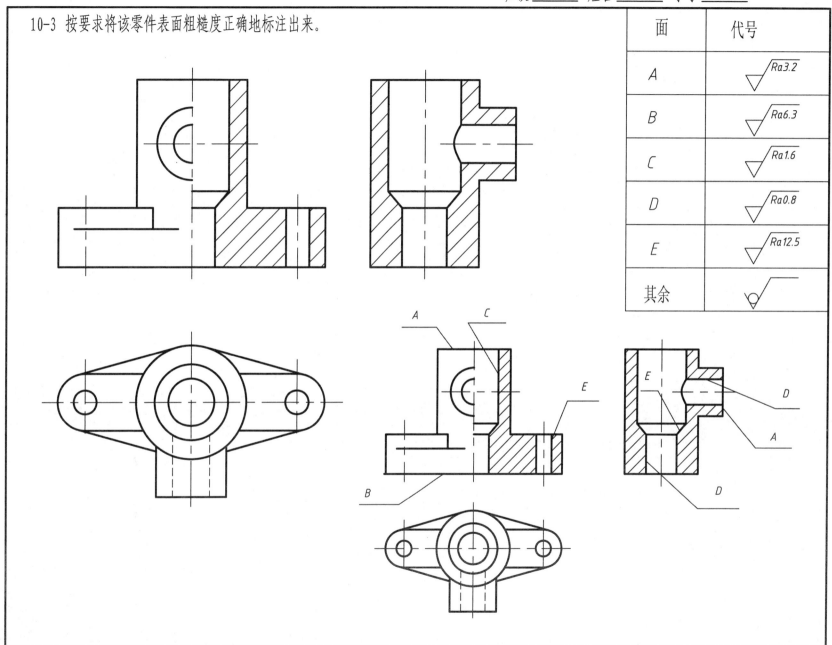

面	代号
A	∇Ra3.2
B	∇Ra6.3
C	∇Ra1.6
D	∇Ra0.8
E	∇Ra12.5
其余	∇

10-4 选择正确答案。

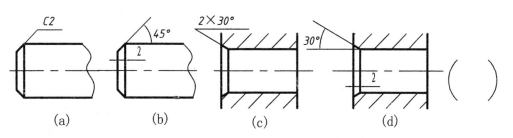

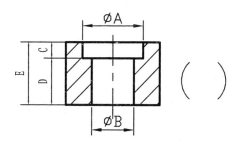

(1)(a)(b) 正确
(3)(b)(c) 正确

(2)(c)(d) 正确
(4)(a)(d) 正确 ( )

(1) 此图尺寸标注合理
(2) 尺寸E多余
(3) 尺寸C多余
(4) 尺寸D多余 ( )

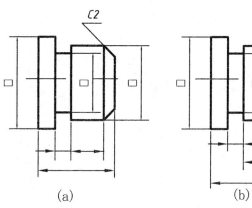

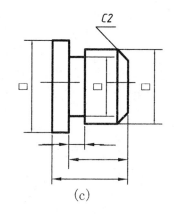

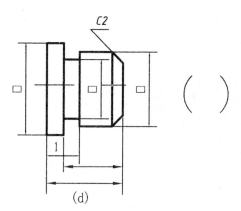

(1)(a)(b) 正确
(3)(a)(c) 正确

(2)(c) 正确
(4)(d) 正确

10-5 抄画零件图，熟悉各种标注方法，并解释 ⌀35k6、 的意义。

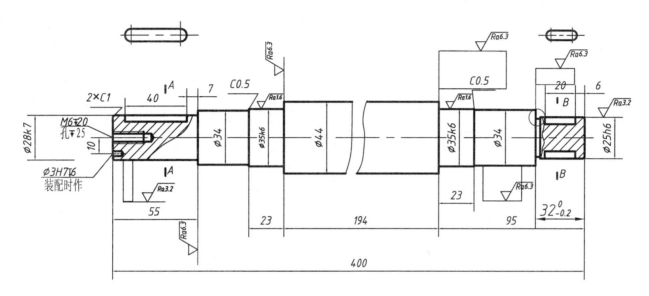

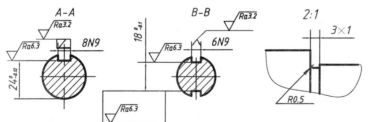

技术要求

1. 调质HB220-250；
2. 未注圆角R5。

轴	比例		(图号)
	件数		
制图		材料	45
描图			
审核		(校名)	

10-6 根据给出的轴承盖零件图，画出B—B剖视图，并回答问题：

1. ⌀70d11写成有上下偏差的注法是 _____。
2. 4×⌀9/锪平⌀20的含义是 _____，锪平⌀20的深度只要 _____ 为止，这样的结构主要考虑 _____。
3. 主视图上右端⌀54深3凹槽的结构设计是从零件的哪几个方面考虑的？

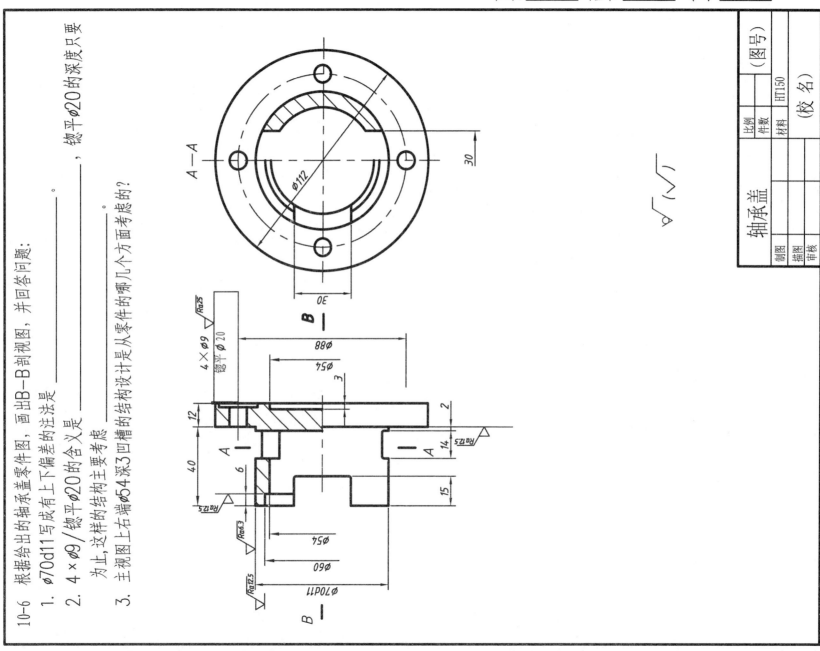

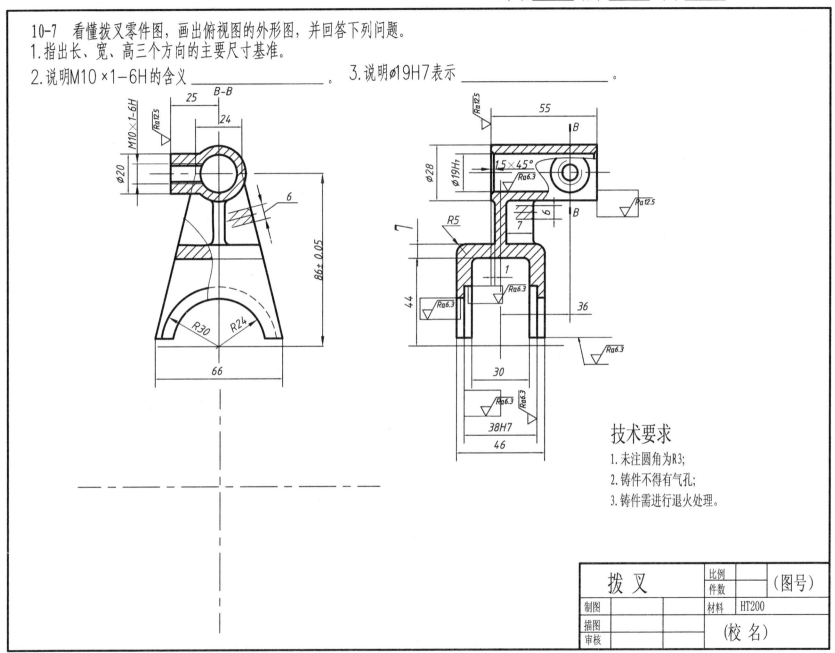

10-8 读懂下列零件图，补画出其左视图，并回答下列问题：（1）标出长、宽、高三个方向的主要尺寸基准；（2）补全图中缺漏的定位尺寸；（3）解释下列符号含义：∇Ra3.2 表示为 _____ ，∇Ra12.5 表示为 _____ ，4×φ12定位尺寸是 _____ 。

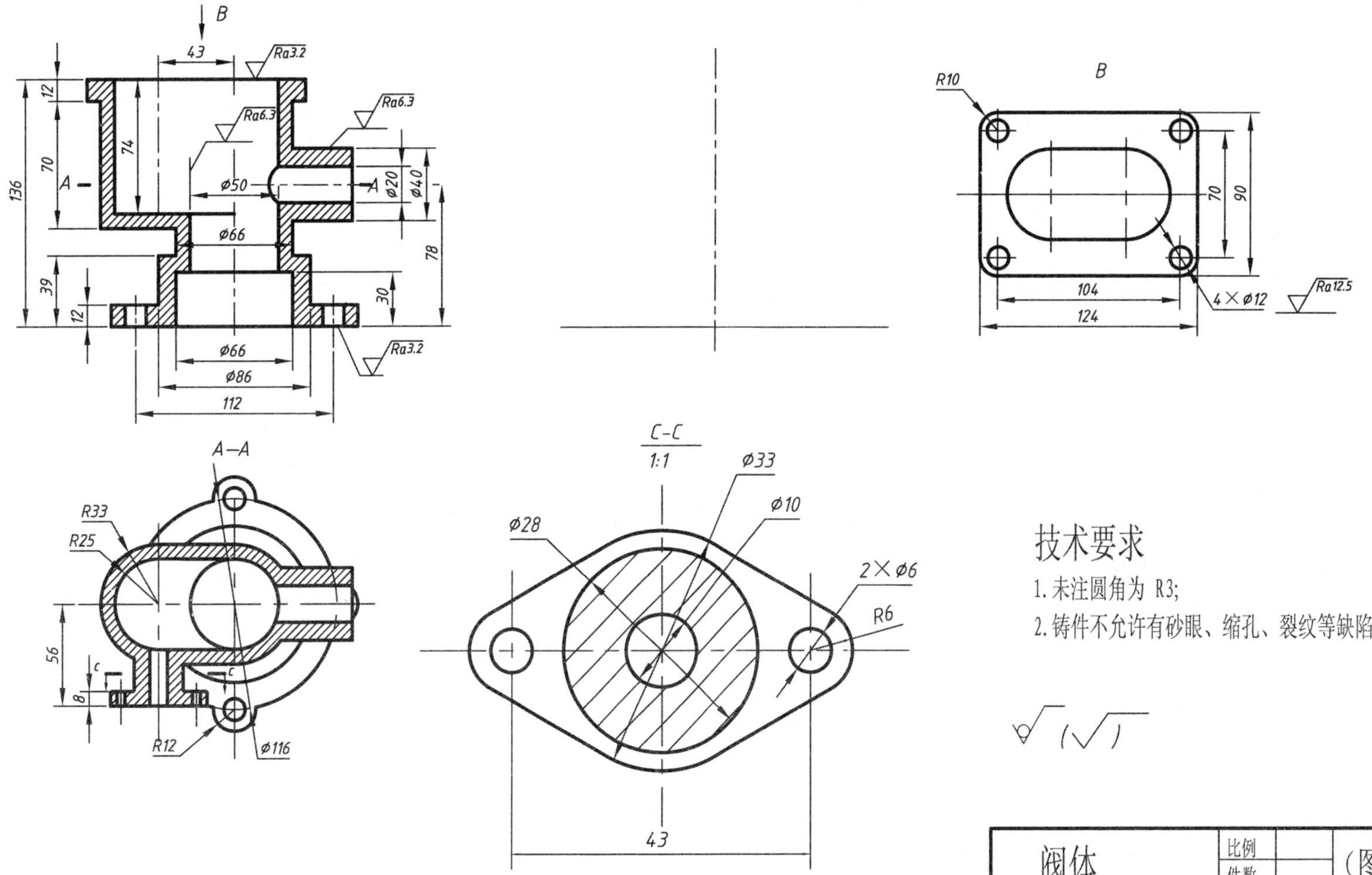

技术要求
1. 未注圆角为 R3；
2. 铸件不允许有砂眼、缩孔、裂纹等缺陷。

阀体　材料 HT150

10-9 读懂泵体零件图,补画出其后视图,并回答下列问题。 1.对其左视图的剖切方法进行标注; 2.标出长、宽、高三个方向的主要尺寸基准; 3.标注几何公差(1)ϕ40H8孔轴线对ϕ22H8孔轴线的同轴度公差为ϕ0.01,(2)图中的C面相对D面的垂直度公差为0.03。

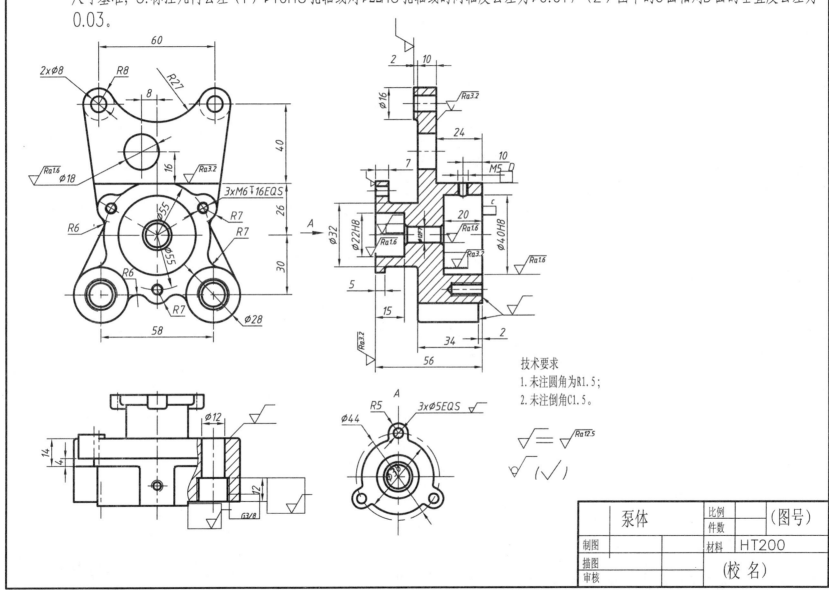

技术要求
1. 未注圆角为R1.5;
2. 未注倒角C1.5。

泵体　材料 HT200

10-10 绘制下列零件图，并用适当的表达方式画出此零件图。

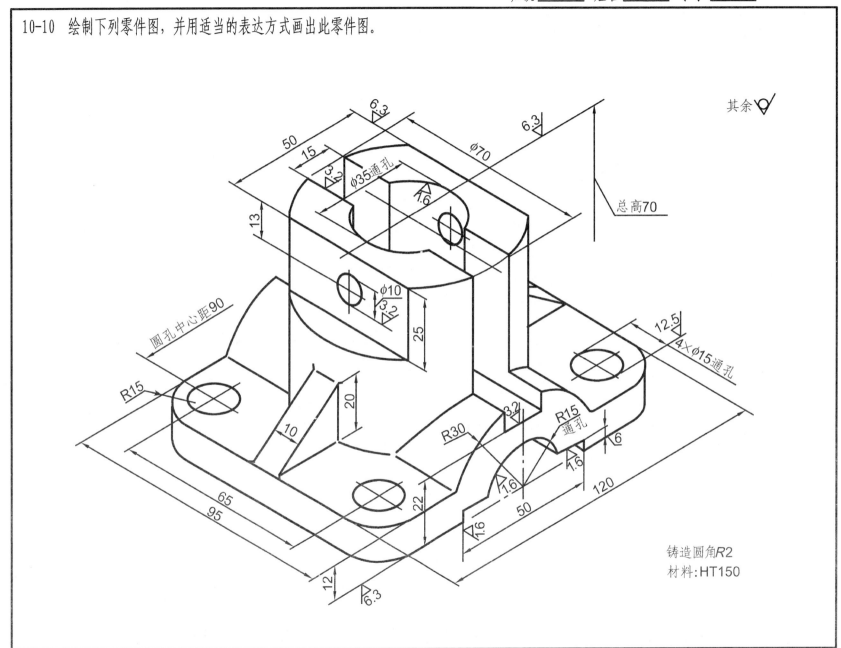

铸造圆角R2
材料：HT150

10-11 用A3图纸按1:1的比例画出座盖的零件图。

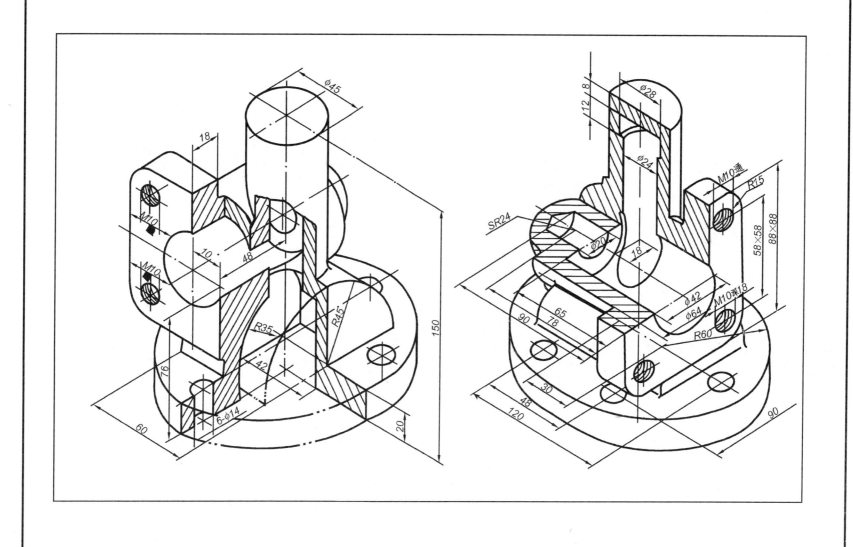

第十一章
装 配 图

第十一章
科 納 區

班级 _____ 姓名 _____ 学号 _____

11-1 参照平口钳装配示意图，在A3图纸上拼画平口钳装配图（比例1:1）

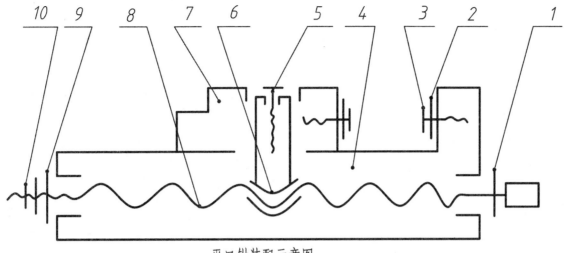

平口钳装配示意图

工作原理：

平口钳是用来夹持工件进行加工用的部件，它主要由固定钳身4、活动钳身7、钳口板2、丝杠8和螺母6等组成。丝杠固定在固定在固定钳身上，转动丝杠可带动螺母作直线运动。螺母与活动钳身用螺钉5连成整体。因此当丝杠转动时，活动钳身就会沿固定钳身移动，这样使钳口闭合或开放，以便夹紧或松开工件。

装配图中所用标准件

序号	名　　称	标　准	数量	材料
3	螺钉M8×16	GB/T 68—2000	4	Q235
9	垫圈10	GB/T 97.1—2002	1	Q235
10	螺母M10	GB/T 6170—2000	2	Q235

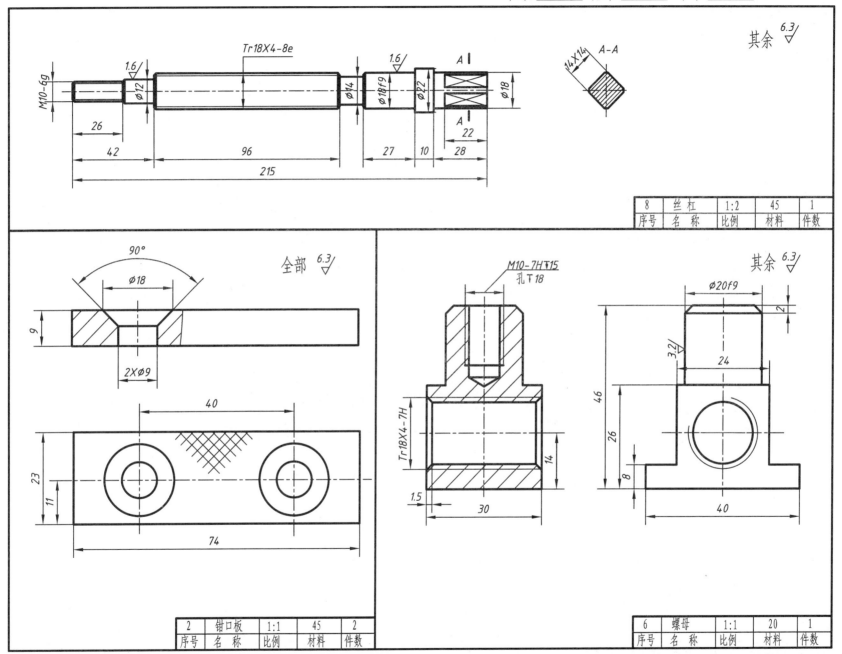

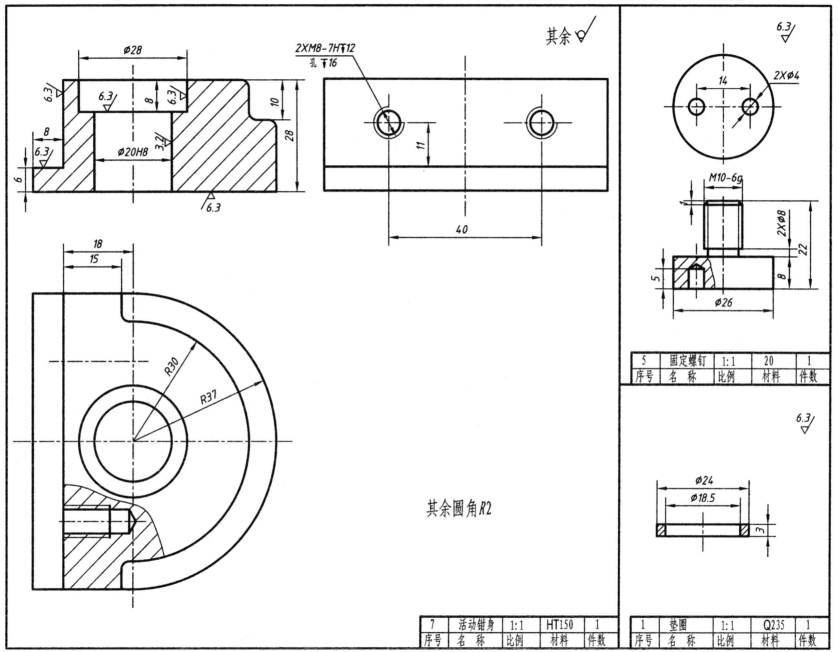

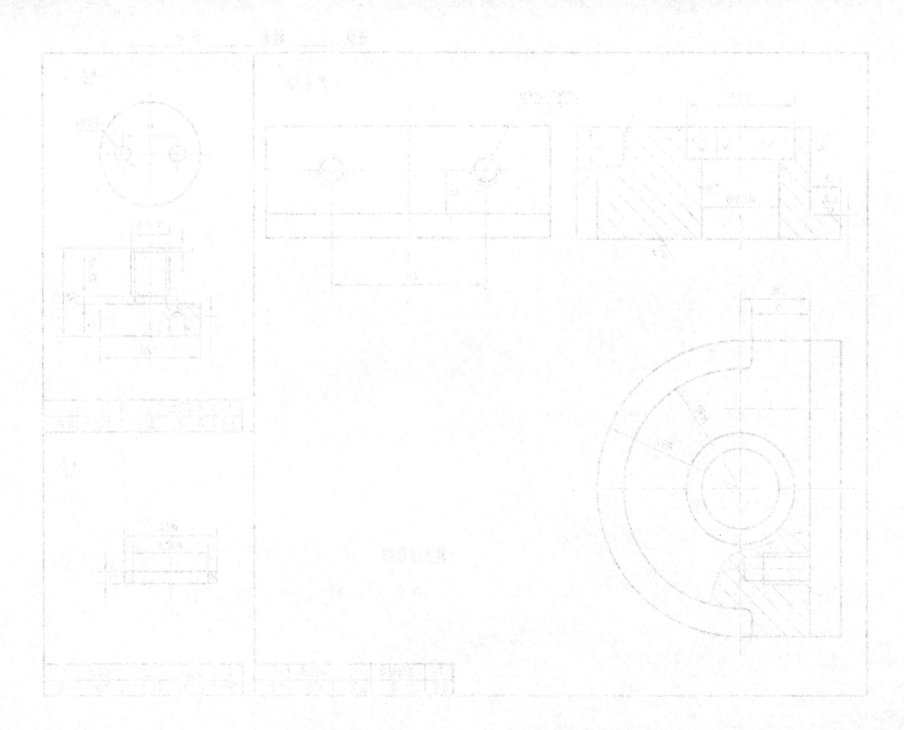

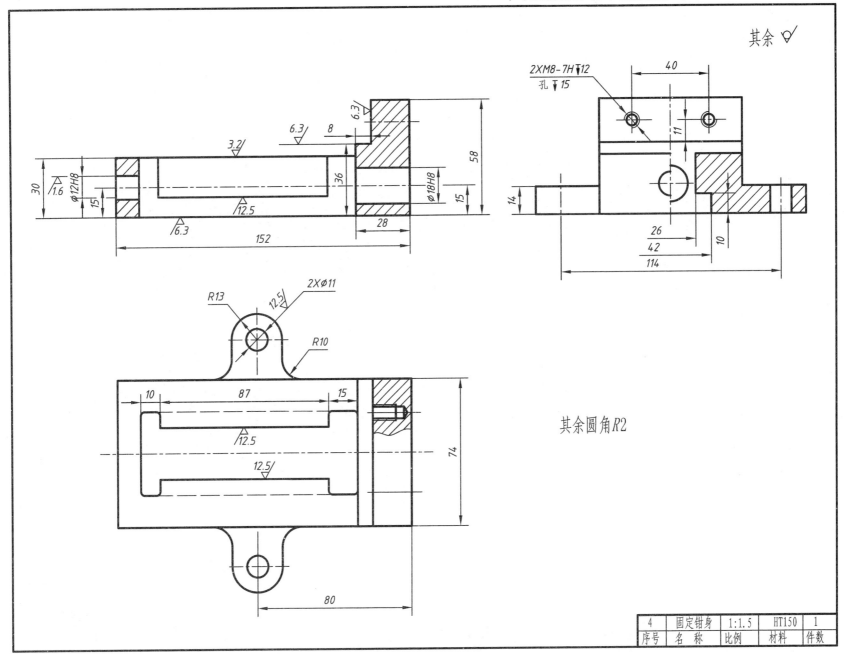

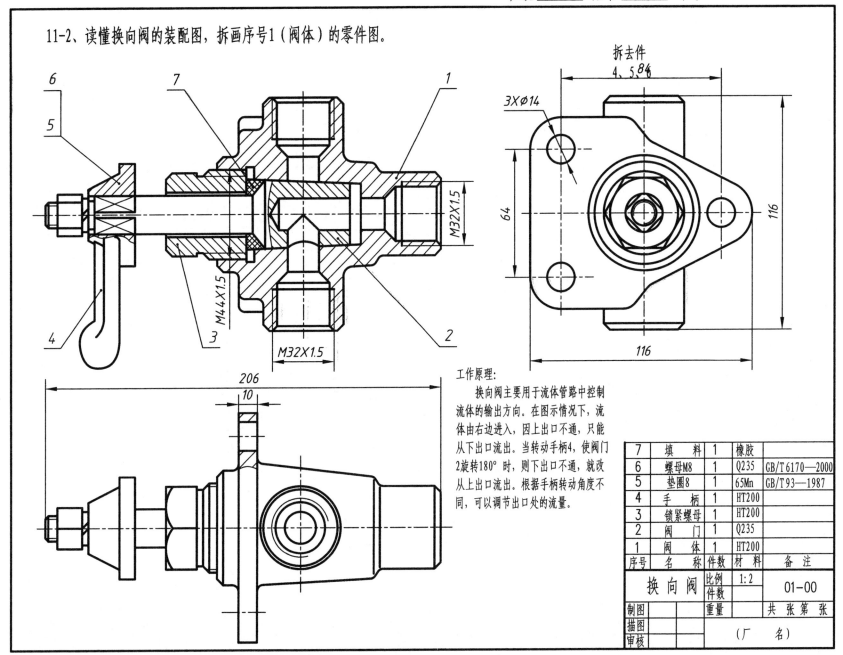

11-3 参考柱塞泵工作原理示意图，读懂柱塞泵的装配图，并拆画序号1（泵体）的零件图。

柱塞泵工作原理示意图

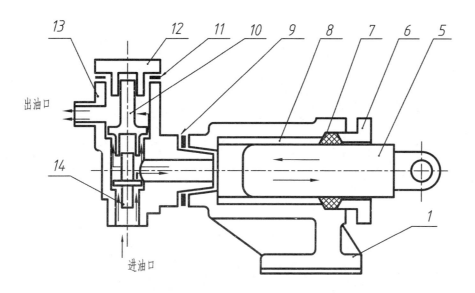

由示意图可知，当柱塞5由左向右移动时，泵内腔形成真空，阀瓣14被打开，液体由进口处流入泵体1；当柱塞由右向左移动时，泵体内液体压力增加，使阀瓣10打开，液体按示意图中的路径由出口压出，如此反复，输送一定压力的液体。

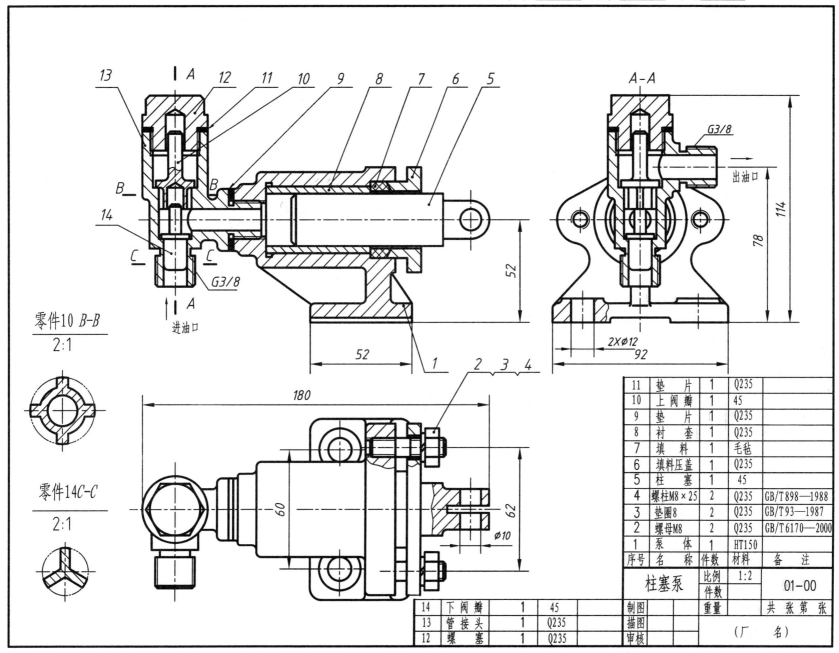

第十二章
焊 接 图

12-1 读懂下列零件中焊缝标记的意义，指出焊缝符号的意义。

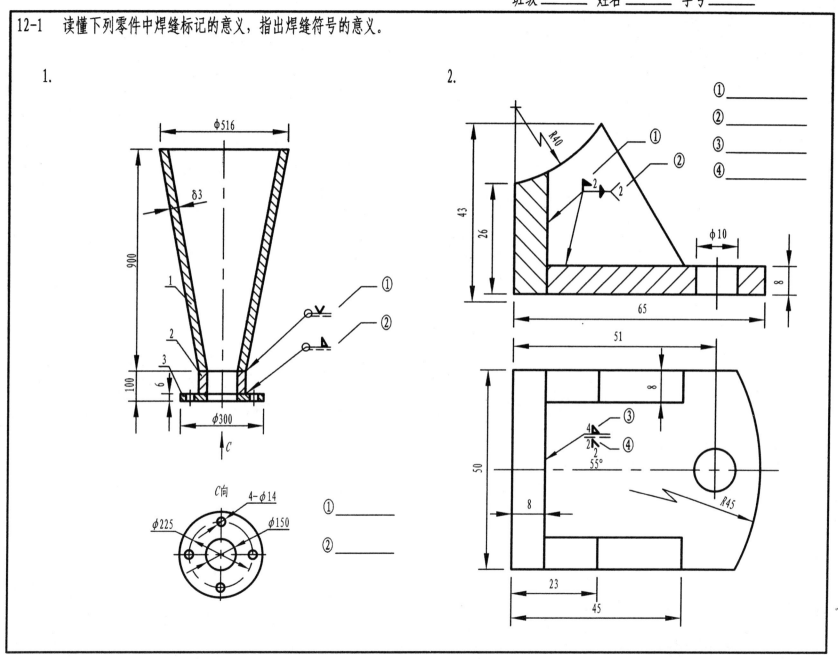

12-2 读懂下列零件的视图，并标注焊件的焊缝符号

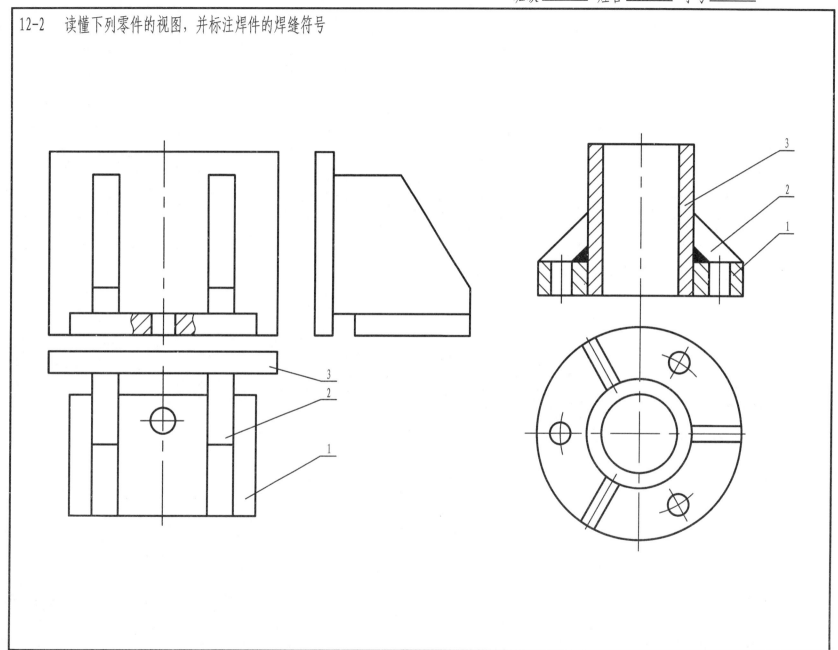